到哪工作都吃得開，和誰共事都合得來

どこでも誰とでも働ける

尾原和啟——著
林佩瑾——譯

目錄

第二章　百年人生時代的轉職哲學

第三章　在AI時代殺出重圍的工作訣竅

推薦序

走到哪，都有飯碗可以捧的金飯碗技能

謝文憲 知名講師、作家、主持人

我不認識這位日本作者，但我覺得他就是在寫我。

我的背景

先談談我自己的職場歷練。

- 台達電子人資管理師加採購擔當共三年。
- 中強電子行政部人事主任一年。
- 信義房屋經紀人、店長共六年，拿過最高榮譽信義君子、全國金仲獎。
- 華信銀行（現為永豐銀行）MMA投資管理帳戶專案行銷組襄理一年。
- 台灣安捷倫科技服務銷售部資深專案經理六年，拿過最高榮譽亞洲服務品質白金獎、全球總裁獎。

創業十三年，企業內訓執行超過兩千場次，兩岸有近十萬人次上過我的課程，職業場合授課時數高達一萬兩千小時。寫過九本書，《商周》、《遠見》、《蘋果》都有我的職場專欄，廣播製作主持第七年，有自己的線上影音節目，有兩間公司、一間餐廳，我還有什麼不可能的？

看似轉換跑道游刃有餘，到哪工作都吃得開，跟誰共事都合得來，背後辛酸與苦楚誰人知，但我突然發現：「作者好懂我。」

有感篇章

我想跟大家分享以下兩個重要篇章，我個人閱讀後的心得：

1. 公司與個人關係將完全改變
2. 轉職哲學

如果你想靠你爸那個年代，一個工作吃一輩子，現今社會已經不可能了，完全不可能。

相反的，公司想要綁住優秀員工也不可能，優秀的人才不會給你綁，綁住的都不會優秀；想靠大公司生存，不要做夢了，你靠的不會是大公司，大公司也不會給你靠。

那該怎麼辦呢？我提供三個書中的重要想法與技術給大家：「樂於分享知識」、「閱讀法」與「當責」，我看完後非常受用，跟我的想法也雷同。

雖然都是簡單道理，但作者提供幾個以日本人為基礎的思考邏輯，我相信對台灣人也格外受用。

「轉職哲學」是我特別想談的。

我常跟我的學員講，如果你在工作現場能有兩種心態，做什麼都容易成功：

1. 想像一下，明天老闆就通知你不用來上班了。你若保有隨時能夠辭職的心情，到底該笑，還是該哭？
2. 保有每天像第一天來上班的興奮，以及最後一天來上班的珍惜。如果你要走，會哭的是你，還是你老闆？

其實想清楚這兩件事後，轉職變得一點也不可怕。我會有這想法，都是跟職棒球員學的：「能打，不怕沒球隊；不能打，球隊會怕你。」

關鍵不在轉職，而是你的核心競爭力到底是什麼？

說穿了，職場打滾三十年，我的金飯碗技能就是「懂銷售、擅長溝通表達與教學、充分適應團隊合作、坐而言不如起而行」，如此而已。或許吧，每個人都很不同，如果你也能找到你的核心競爭力，作者所提的每個重要篇章，你都會笑著看完喔！

我說真的，作者就是在說我，而且還增加了科技的應用與ＡＩ時代來臨的應對策略，我覺得超棒。
閱讀本書的過程，我點頭如搗蒜，不能同意再多。

—前言—

當今社會的三大變化

我在Google就職時，曾經在國外的學術研討會認識一位瑞士的遊戲公司負責人。他們是十個人左右的創投公司，明明公司位於瑞士，卻專門製作符合日本市場喜好的美少女遊戲，並且收益驚人。

「這麼好賺，怎麼不乾脆來日本？」我問。

「我們很喜歡美少女遊戲，但是討厭日本的擁擠。我很滿意瑞士的飲食生活與文化。日本遊戲廠商已經夠多了，工程師又不好找，在日本開公司也沒意思。可是換作在瑞士，就能吸引很多工程師，因為一邊呼吸新鮮空氣，一邊做美少女遊戲，實在太讚啦！所以，我不會去日本的。」他說。

住在喜歡的地方，與志同道合的夥伴一起製作遊戲，然後賣給地球另一端的人們。只要運用網路，做生意根本輕而易舉。

然而，我在日本跟日本企業的夥伴共事、聊天，發現很多人都認為這種工作方式與自己無緣。事實上，許多人都在不喜歡的職場硬撐，而且認為現狀永遠無法改變。

當然，時代開始劇烈變遷，終身雇用制崩解、工作模式變革，知道這一點的人並不少，但是思考「自己該怎麼辦」、「該如何改變生活方式與工作模式」的人，卻是少之又少。

坦白說，對於員工的未來，公司愈來愈難給予保障了。可是，**公司卻無法改變人事制度與教育體系，意圖將舊有的價值觀強加在年輕人身上。**

這種困境很難用言語形容，但內心總覺得不對勁，滿懷著煩惱與擔憂。這樣的年輕人，我遇過好幾個。

這句話我也對他們說過，但在這裡我要再鄭重說一次：**這股擔憂是完全正確的**。全球正歷經一場大變動，日本不可能置身事外，而且這波變動將深深影響每個人的生活與工作模式。

好了，本書的書名《到哪工作都吃得開，和誰共事都合得來》，有兩層意義。其一，

無論在哪個職場工作，都能成為人人稱讚的人才。另外一點，則是**無論在地球哪個角落，都能在喜歡的地方，與志同道合的人一起工作**。

聽起來會不會很不切實際？不過，「到哪都吃得開、跟誰都合得來」絕對不是「紙上談兵」，想在劇變的時代中生存，這可是最實際的方法。以上，是本書主要想傳遞給各位的訊息。

究竟是誰會寫這種書，為什麼還在這時候寫？我們先從這裡談起吧。

我相信，網路會使得人類更加人性化。我最喜歡催化大家都認為行不通的新點子，因此走過各大企業，開發能稍微催化新點子的新業務。我的人生，說穿了就是一連串的專案。

我在研究所埋頭鑽研人工智慧，隨後進入專門經營管理顧問的麥肯錫（McKinsey）公司，幫助NTT DOCOMO發展i-mode事業。接著，我轉入瑞可利（Recruit）、網路企業K Laboratory（現為KLab）、CYBIRD、Google、樂天、Fringe81等創投企業。目前我任職於新加坡的投資管理企業——藤原投資顧問，同時也是一名科技評論家。若包含中途回鍋瑞可利，算一算我總共轉職了十二次。

一般人看了，都會覺得「這簡直是人渣」吧（笑）。不過，值得驕傲的是，我幾乎與所有的前東家保持聯絡，無論什麼小事都能提出來商量，而且不分你我，將他們的事當成我自己的事。

有了這麼多經驗，關於剛才提到的「①無論在哪個職場工作，都能成為人人稱讚的人才」，我一路以來歸納整理的無數竅門，相信無人能敵（說到底，為什麼我要轉職這麼多次？請容我稍後說明）。

此外，我目前也正實行著「②無論在地球哪個角落，都能在喜歡的地方，與志同道合的人一起工作」。基本上，我經常待在新加坡與峇里島，並定期飛回日本。一旦有了想做的事，我就會前往柏林、矽谷、深圳、烏克蘭，自由自在地飛往世界各地工作。

如果問我：你是不是在做什麼只有你才能辦到的特殊工作？答案是否定的。我的主要工作內容是專案經理，或是擔任客戶的諮詢顧問，並非像程式設計師或設計師那類能產出有形成品的職業。原則上，我不會對個別企業出資或投資，所以投資收入少之又少。換句話說，本質上，我的工作跟日本辦公室的上班族沒什麼兩樣。

不過，目前的生活型態已持續三年，我從來不覺得有什麼不方便。畢竟網路設備該有的都有，無論是用電腦傳訊息或是視訊通話，想做什麼都辦得到。

採用我這種工作模式的人，全世界正不斷增加。

從很久以前起，英語圈的[1]人就常常出訪世界各國，這陣子也有不少中國人跟印度人加入這行列。除了貴為亞洲金融中心的新加坡，泰國、越南、緬甸、寮國今後的經濟成長也大有可為，因此吸引了來自世界各地的人。大部分的人都不是企業的外派人員，而是根據自己的意願跟考量，而選擇在外國工作。

此外，峇里島跟馬來西亞也設立了知名歐美國際學校，所以許多對教育有熱忱的日本人，便搬到該地居住。不管是在當地工作的人、在母國（日本）進行遠距工作（Remote Work）的人，還是兩者皆是的人，各式各樣的人都有。當然，「到哪都吃得開、跟誰都合得來」並不單指旅居海外，也包含「留在自己國家」這個選項（就像開頭的那個瑞士人）。

接下來即將發生的「巨大變化」，將一舉改變至今的工作模式。個人整理如下。

變化一　社會與商業都將逐漸網路化

從前系井重里的《網路化》一書，一針見血地道出網路的本質就是**「連結」**、**「對等」**、**「分享」**（這本書於日本二〇〇一年發行，當時是網路萌芽期，想到系井先生並非科技業的技術人員，就覺得這洞察力真是驚人）。

跟當年二〇〇一年比起來，現在各位應該能明白世界正快速邁向「網路化」。社會結構跟商業模式，正逐漸將重心轉往網路。

全球網路化將造成無數影響，談到工作模式，日後「個人」將與「眾人」或「企業」以對等的[2]關係**連結**，**分享**知識成果。說得極端些，不適合這種工作模式的人，恐怕無法在商業圈中生存。

變化二　今後只有專業人才，方能成為職場強人

適合活在網路化社會或商業模式中的人，有能力做到「連結」、「對等」、「分享」的人，勢必會成為某領域的專家。

這裡所說的專家，並非醫生或律師那種傳統職業。所謂的專家（Professional），意思就是公開宣示（Profess）「我是誰，我能做什麼、不能做什麼，我的責任是什麼」。懂得自律，做出成果，然後對客戶好好說明，再讓客戶給予評價。只要能辦到這三點，無論你在哪一行，都能自稱「專家」。此外，如果你在網路上公開宣示自己的想法或事蹟，就能累積他人的信賴。

若能成為一個廣受信賴的「專家」，無論你到哪裡、跟誰共事，都能如魚得水。

變化三　公司與個人之間的關係將完全改變

假若許多工作者都成為專家，公司跟個人之間的關係必將改變。從前企業的正式員工享有終身受雇的待遇，如今時代變了，員工與企業將轉變為對等關係，互利共生。

不僅是現有的網際網路，ＡＩ（人工智慧）與區塊鏈等發展中的新科技，也將推波助瀾。此外，《LIFE SHIFT 百年時代的人生戰略》[3]書中也說過，從前的人多半活到八十歲，而就業與轉職的結構也是依此規劃；如果未來許多人都能活到一百歲，那麼上述結構必得大幅改變。畢竟，「用最初二十年學習、四十年工作，剩下二十年，用來享受退休生活」，這一套再也行不通了。

未來，你需要不斷學習、不斷工作，而且必須兼顧興趣，在不斷變化的時代中經常改變自己。

或許你認為：「管他世界怎麼變化，關我什麼事？」我想，應該很多人都還感覺不到變化吧。

不過，那是因為日本至今用兩道特別的壁壘保護大家，而壁壘再也撐不了多久了。

第一道壁壘，就是「島國的距離之壁」。這道壁壘，從二十年前就開始被網路拆解了。例如，從前位於美國境內的企業客服中心，已開始轉往人事費用低廉的菲律賓或印度。打去客服中心的電話，都能藉由網路連上遙遠的菲律賓或印度，再由該地的客服人員應答。

不過，會發生這種事，是因為他們都說英文。有些人應該認為，日本還活在「日語之壁」的保護之下吧。

不過，一旦ＡＩ愈來愈發達，同步翻譯水準晉升到商業等級，這道語言之壁也將崩毀。如本書所言，這絕對不是遙遠未來的事情，恐怕十年內就會實現。說得極端些，就是因為日本不像英語圈的人逐漸轉移陣地，反而會捲入更激烈的世界商戰。

《到哪工作都吃得開，和誰共事都合得來》，可以說是我特地為各位準備的錦囊妙計，為的是助各位度過這波巨變浪潮。

第一章是暖身，整理了我從網際網路與十二家公司學來的「人人都能受用的工作新法則」。我在開頭將這些新法則分成兩層意義，是因為只要你努力成為「每家公司都搶著要的人才」，「就能自己選擇職場、同事與客戶」。

而第二章「百年人生時代的轉職哲學」，希望各位能在企業與個人關係的變動中牢記在心；第三章「在ＡＩ時代殺出重圍的工作訣竅」，則是你面對未來的強心針。

我衷心期望，這些內容能稍微打動各位的心，促使各位更新自己的工作觀與工作模式。

◇　◇

在此有一項請求。如果你覺得自己也感受到了這波巨變，請在推特、臉書、ＩＧ等網站說幾句話，並標記（Hashtag）「＃人人受用」。[4] 我在每頁的頁尾都加上了各小節＃標記，標上那些標記也無妨。

我全部都會看，更期待與閱覽過相關內容的各位一同創造新變化、新潮流。

1 Anglosphere，泛指主要語言為英語的各個國家。

2 Flat，原文為フラット，雖為平坦之意，但日本職場上常用來形容對等關係。

3 此為日文版書名《LIFE SHIFT—100年時代の人生戦略》，英文原書名為《*The 100-Year Life*》，作者為Lynda Gratton 與Andrew Scott，中文版《一百歲的人生戰略》由商業周刊出版。

4 原文為「どこ誰」，為原書名《どこでも誰とでも働ける》的簡稱。

第一章

人人都能受用的工作新法則

書寫本書時，我一邊回想往事，一邊思考：為什麼我到哪都吃得開，跟誰都合得來。

一開始，我想到的並非什麼正式的工作祕訣，而是那顆樂於奉獻的心，以及隨時付出的習慣。這在日常生活就能做起，每個人都能從小地方著手，積少成多。隨著社會邁向網路化、AI技術革新，我們也必須學會更快樂、更聰明的做法。因此，本書也將從這部分開始談起。

此外，麥肯錫、瑞可利與Google的許多同仁教會我不少道理，我將它們重新詮釋，整理成一套工作守則。這是我個人歸納出來的方法，將幫助各位獨當一面，而已經獨當一面的人，也能藉此維持自己的優勢。這套方法一點也不難，而且也不複雜，請各位務必試試看。

想在網路時代殺出血路，必須先主動付出

在網路化社會中，個人與公司（或是個人與個人、公司與公司）之間是對等的，兩者互相連結、分享知識與成果，員工不再只是公司的螺絲釘，更能樂在工作。

但是，如果想請他人分享重要資訊，必須先從自己做起。先付出（Give）才有回報（Take），我想，沒有人願意將自己的知識與成果，分享給伸手牌或是不懂回報的人吧。但我不會「先付出再求回報」，而是更進一步，「先付出付出付出付出，再付出」，我認為這種做法更好。因為唯有不求回報，將自己的技能傾囊相授，才能習得新的經驗。

新的經驗會提供新的價值，新的價值會導向新的經驗。只要不斷付出，就能不斷提升自己的技能與經驗值。

「主動付出」是最強的戰略，無論在什麼時代，都能使你無往不利。

#不斷付出
#阪神大地震

這層體會，來自於一九九五年的阪神大地震。那年我大學一年級，大阪老家災害並不嚴重，而位於京都的學校也只是倒了幾棟文化遺產，影響不大，所以我在震災第二天便直奔災區。

然而，災區可謂兵荒馬亂。許多志工蜂擁而至，全國各地也不斷送來救災物資，可是人力與物資卻集中於某個避難所，導致其他避難所人力不足。

此時，我與神戶大學的學生共同成立了「東灘區情報中心」，以便分派志工。此後，我們得到了各避難所的情報，成為連結受災戶與志工的平臺（詳見《科技產業的原理》〔ＩＴビジネスの原理〕一書，ＮＨＫ出版）。

起初大家並不信任我，一副「你誰啊？」的態度，即使如此，我還是在混亂的災區誠懇地做事，終於獲得其他人的信賴，與不同年齡、頭銜、組織的人們組成團隊。

藉由這項經驗，無論我轉職到哪間公司、參加哪項專案，都能馬上融入團體。

如果你覺得新職場很難融入，不妨想一想，是不是你自己築了一道「高牆」？打破牆壁很簡單，**只要不斷為他人付出就好**。有了這項決心，就能「到哪都吃得開，和誰都合得來」。

震災發生時，Windows 95還沒上市，因此精通電腦的我，有了那麼一點價值。此後，我參與各式會議，並幫忙即時記載會議紀錄。

後來我變成固定班底，每次才剛開完會，我早已打完會議紀錄跟待辦清單，接下來只要列印發下去就好。

這件事傳開後，大家都邀我去開會，告訴我：「尾原，有你在真方便，你來一下。」（會議紀錄的寫法將在九十二頁的專欄詳述）

最初我手上的武器，就只有「打會議紀錄比誰都快」；但也因為這點，大家爭相拉我去開會，然後我也開始分享自己得到的知識（比如「這問題交給〇〇解決就對了」），成為連接各方的橋梁。久而久之，甚至有人問我要不要做做看下個專案，於是我也得到了新的機會。

從小地方著手，用一點一滴的付出換取快速成長，這根本是《稻草富翁》[1]的翻版嘛。

在商場上，兵荒馬亂的第一線也有大大小小的問題，因此有助於累積寶貴經驗。情況愈混亂，頭銜、地位就愈不重要，一切實力至上，我當然樂於一頭栽進去。因為我知道，只要貢獻一技之長，就能得到更豐富的收穫。

為求成長而樂於付出的「稻草富翁」，不能要求物質上的回報（金錢）。沒有物質上的回報也沒關係，因為日後能得到更大的回報（經驗、技能、人脈、品牌價值）。

1 わらしべ長者，日本童話，描述一個窮人用最初拿到的稻草不斷跟人交換物品，最後換到一棟房子，成為大富翁。

2 愈是樂於分享知識，愈能得到更多收穫

對每個人而言，最容易付出也最容易得到的，就是「知識」。

就拿我來說吧，我每天早上花一小時看新聞，然後將好報導的網址複製下來，最少傳給二十個人。不僅如此，我並非ＣＣ給所有人，而是針對每個人挑出不同的報導，附上一句：「你不妨用這角度看這篇報導，一定很有意思。」

為什麼如此大費周章？因為這有助於養成用各種角度閱讀報導的習慣：「這篇報導應該對〇〇很有用。」「〇〇會用什麼觀點看待這篇報導？」如此一來，**你就能擁有二十人份的觀點**。習慣用別人的角度閱讀之後，我跟客戶談生意時，也學會站在對方的立場思考，將對方的喜好放在心上。

此外，自己閱讀只會看三篇，但如果要用二十人的觀點看報導，每人挑三篇，二十人

＃樂於分享知識
＃累積信任
＃不分享知識的風險

就要挑六十篇；這樣不僅能輕鬆維持閱讀量，與對方見面時也能用報導內容當話題。假如對方喜歡那篇報導，或許還能藉機詢問：「就是說啊。不瞞你說，我正想做類似的生意呢，你願意幫我一把嗎？」

可能有人認為：「好不容易搶先得到資訊跟點子，怎麼能免費告訴別人？太浪費了。」但是無須擔心。

關在象牙塔藏招的優勢愈來愈少了。以前藏招奇襲能得到一定成效，但現在大部分資訊都能在網路上找到。事實上，沒有什麼知識是個人獨享的，而你想到的點子，其實世界上有一千個人都想到了。因此，就算你藏招，也很可能被其他人捷足先登。

到頭來，既然要拚速度，與其自己閉門造車，倒不如分享知識，呼朋引伴團隊合作，才能用高效率換取成功。

分享知識，也有「一呼百應」的效果。換句話說，周遭的人會知道「你是發起人」，這不僅能打造品牌形象，也能吸引有志之士，得到許多資訊。

與其局限在公司這個小框架，不如公開分享資訊，才能換回更多資訊，鞏固自己的實力。更重要的是，只要肯主動分享，大家就會願意幫助你，願意見你。只要先信任對方，對方也會信任你。

因此，即使面對陌生客戶，我也會請求對方：「你就當作被騙，跟我聊三十分鐘吧。」有了這三十分鐘，就能滿足大多數客戶；一旦聊得開心，就等於打開通往另一層人脈的大門。想跟沒見過面的人談生意？只要在臉書貼文表示「我好想見見〇〇先生（小姐）」，自然有人幫你引薦。

就拿我自己來說，如果我認為誰跟誰應該很合得來，就會大力幫忙牽線。大家都信任我的眼光，實際安排見面後，也有不少人反應良好，慶幸有機會認識彼此，甚至成為生意夥伴（至於有沒有我，我並不在意）。我並不想「分一杯羹」。

為什麼我能辦到？因為大家都知道我的為人。**信任聚沙成塔**，大家自然相信我說的話。

結論：**與其將知識與資訊占為己有，倒不如大方分享；這不僅對自己有好處，也能取得他人的信任，百利而無一害**。

如果你是業務，與其靠著暗藏客戶名單跟客戶資訊來拚業績，還不如分享給同事們，說不定大家會給你建議，讓你知道該找誰談或是該怎麼改提案喔。主動提供資訊不僅能得到回饋、提高自己的業績，也會帶動團隊士氣，得到同事的信賴，形成良性循環。

#樂於分享知識
#累積信任
#不分享知識的風險

假如你現在的公司風氣是「獨善其身，自己的業績自己拚」，只要釋出善意，就能打破隔閡，營造出互助互信的風氣。我認為，敞開心胸、經營人脈才是最重要的，擁有一顆開放的心，其實對你一點壞處都沒有。

3 為什麼Google是最棒的腦力激盪對象

資訊公開透明當然是好事，但如果自己沒有知識，就會變成只拿不給的「伸手牌」。不懂的事情就Google，這是一切的基本。查出答案後，再積極地公開分享，順序萬萬不可顛倒。

Google大約是在一九九九年崛起。當時的搜尋引擎主流剛從目錄導航系統（Directory）進展為機器人程式系統（Robot），最令我驚訝的就是搜尋速度。比如我Google「尾原和啟」，上頭顯示以「〇點三三秒」找到「三〇八〇〇件」結果。能否將時間壓在一秒內是很重要的，如果搜尋時間不超過一秒，思緒就不會中斷。

無論輸入多少關鍵字、搜尋多少資料，Google都會不斷回應你。如此一來，搜尋引擎就成了腦力激盪的對象。

Google
蒐集資訊

如果搜尋時間超過一秒，思緒就會中斷。假如像目錄導航系統一樣，搜出結果之前必須點擊好幾次，那麼光搜尋就夠忙了，無法深層思考。兩者之間的速度差距，影響是非常巨大的。

Google是最後出現的搜尋引擎，卻能擊敗眾多前輩，主要原因就在於它擁有獨特的「網頁排名」（PageRank）演算法，能異常準確地找出有價值的網站。不過，我認為除此之外，搜尋速度快、聲控搜尋也是不容忽視的重要因素。

做為腦力激盪的對象，Google的進化可是一日不停歇。在此，我要向各位介紹個人蒐集資訊的方法。

Google搜尋的基本步驟就是搜索關鍵字，而Google快訊（Google Alerts，https://www.google.com.tw/alerts）能幫助各位一次網羅各種新資訊。只要事先輸入自己的搜尋關鍵字，每天就能收到相關新聞的電郵通知。

我出社會後一直有個習慣，就是**一旦結交值得往來的人，就將他們的名字全輸入到網站裡**。當時還沒有Google快訊，因此我利用《日本經濟新聞》的線上資料庫「NIKKEI TELECOM」，將那些人名設為關鍵字；只要報導中出現相關姓名，就會每天寄電郵通知我。

見到當事者時，我會說：「那篇報導寫得真好啊。」對方聽了自然開心，而且還會誤以為：「連那麼小的報導都注意到，尾原，你看新聞看得真仔細啊！」可謂一石二鳥。

「NIKKEI TELECOM」只針對大型媒體，但Google快訊網羅包含部落格的大小媒體，如果你是業務，記得輸入客戶姓名；如果你是行銷人員，記得輸入自家公司員工的名字，保證對工作大有幫助。

除此之外，還能在Google搜尋趨勢（Google Trend, https://trends.google.com.tw/trends/?geo=TW）中尋找關鍵字，檢視該關鍵字的搜尋區域、時間與次數。搜尋次數愈高，表示需求愈多，也代表具有商機。

不僅如此，如果你在部落格或社群網站發表過相關文章，還能看出自己的文章排在搜尋結果的第幾名，也能看出有多少競爭者，藉此掌握自己的定位。你是要殺出重圍，擠進關鍵字搜尋結果前幾名？還是要找出關鍵字藍海，獨自搶得先機？了解每個關鍵字的市場價值，就能兵來將擋、水來土淹。

專門搜尋學術文章的Google學術搜尋（Google Scholar, https://scholar.google.com.tw/），也是我的獨門利器之一。這個搜尋引擎使用了Google搜尋的「網頁排名」演算法，依據引用次數來為學術論文排名，因此可信度很高。換句話說，想找目前最熱門、最有趣的論文，可說是易如反掌。此外，論文開頭也附有大綱，可謂省時便利。

尤其最近增加了許多商管相關論文，比如市場、組織理論、影響決策的認知偏誤等等，我真不懂，為什麼大家不讀論文？

附帶一提，我每年都會清點自己閱讀的紙本書、電子書與論文，去年讀最多的就是論文。**由於Google翻譯的精準度提升，英文論文變得非常好懂**；若你想尋找最新研究成果，從這兒著手就對了。

4 最有效率的買書與讀書方法

如果上Google還是找不到滿意的答案，我一定會去大型書店，將看中的書全部買下來。這是我老家的家訓之一，他們告誡我：「買書就要買一公尺。」意思是不要一本一本慢慢挑，而是把書櫃上的書「從這裡到那裡全包下來」。

雖然書不便宜，但頂多也才兩千日圓左右。或許書裡的短短一行文字就能改變你的一生，想想，這豈不是超划算的投資？

買回來的書，我不會一字一句仔細讀，而是**大略翻閱，一本花個三到五分鐘左右讀完**。

讀這麼快幹嘛？因為只要先掌握有興趣的關鍵字，含有該關鍵字的文句就會自動映入眼簾，在腦中留下印象。

#三分鐘讀書法
#蒐集資訊
#分析的80%是分類

就拿異性來舉例好了，就算走在人來人往的大街上，你也能在人潮中找出自己喜歡的異性，對吧？同樣的道理，如果事先知道自己想看什麼，眼睛就會自動找出相關字句。

當然，三到五分鐘只是我個人的讀書習慣，各位不妨自由調整。

你想藉由這本書得到什麼？如果還不清楚目標，就先看看目錄吧。目錄應該有幾個吸引你的點（如果完全沒有，就不必讀那本書了），先記在心頭，再開始大略翻閱。幸好最近的商管書都會用粗體字標示重點，或是為讀者整理大綱。牢記這一點，就能大幅縮短閱讀時間。

翻閱一次之後，如果找到新的關鍵字，請將那個關鍵字記在心頭，然後再花同樣的時間（三到五分鐘）翻閱一次。這樣專心翻閱兩次之後，重要資訊多半都深植腦海了。

換成電子書，只要點擊頁邊，就能接連翻頁，因此也能套用上述方式。此外，如果是Kindle，還有「熱門標記」（Popular Highlights）的功能，可以顯示其他人劃的重點，不妨多加利用。

此外，電子書有一項優點，假如對某一頁的內容感興趣，還能截圖下來（截圖閱讀其實也算是一種「影像閱讀法」[1]）。

電子書為了防止盜拷，原則上不能複製文字，但是只要將截圖的照片檔置入

Evernote[2]，軟體就會自動辨識文字，之後還能搜尋關鍵字。點擊翻頁、截圖拍照、置入Evernote，然後全文搜尋，用起來多方便。

如前所述，讀完一本書之後，哪怕只找出一個能拯救自己的關鍵字，也算回本了。因此，對哪本書感興趣就買回家，若能找到新的關鍵字，很好；就算找不到新的關鍵字，也沒關係，代表現在跟它無緣，把書闔上就好。

或許有些人認為，不把一本書讀完就對不起作者，但更慘的是不買，或是買了放著生灰塵。

此外，許多人認為「讀到哪就必須懂到哪」，但有時只要將文章截圖下來，大致瀏覽，某一天就會恍然大悟：「原來那篇文章是這個意思呀！」或是散步到一半，突然靈光一閃，聯想到：「其實那句話跟這句話是同樣的意思嘛！」

大家看到「資訊分析」四個字，可能會下意識認為是「從一項資訊中挖出另一項資訊」，但是事實上，**「資訊分析」當中的80%是「分類」，而不是分析**。換句話說，是將新資訊列入已知資訊的某個類別中。

所以，必須輸入大量資訊，廣為增加類別；如此一來，即使閱讀時想不通，將來也很有可能靈光乍現，產生新的聯想（亦即讀懂）。

1 Photo Reading，一種速讀法，把閱讀的重點放在潛意識的吸收上，再透過各種訣竅，靈活應用潛意識中的資料。

2 Evernote是一款記事軟體，不僅可以記錄純文字，還可以擷取完整的網頁或部分截圖，也可以加入相片、附件檔案，甚至錄音。除了記事功能，還具備分類、附加標籤、注釋、搜尋、匯出等功能。

5 不怕失敗的「DCPA」才是工作新趨勢

我在十二次轉職中親身學到的網路時代工作準則，除了主動付出之外，就是**與其出一張嘴，不如立刻行動，方能十拿九穩**。有空想東想西，不如採取行動，才能事半功倍。秉持反覆試驗的精神，失敗了就馬上檢討，再試一次。

直到前陣子，大家都說只要反覆執行「訂立計畫（Plan），然後實行（Do），檢驗結果（Check），並改善下一次行動（Action）」的「PDCA循環」，就能找到最佳解答。然而，這種方法已愈來愈跟不上時代，因為它有個致命傷：訂立計畫太廢時了。

不斷嘗試，然後再修正方向的DCPA，才是在網路時代存活的不二法門。正確來說，是DC↓DC↓DC↓DC↓……短時間內反覆執行Do與Check，找出最佳解答。因為我們的目標是在最短的時間內（或是規定的時間內）得出結果。

從PDCA到DCPA
反覆試驗

現代變化如此快速，如果花時間慢慢調查、再三檢討，然後才訂立縝密計畫，很有可能狀況早就變了。完美的計畫轉眼間變成老哏，想要執行時已經慢別人好幾拍了。

詳細分析完整資訊、建立縝密計畫，愈聰明的人愈喜歡在這些事情耗費心力，連任何細節都不放過；但這種做法將阻礙你的步調，使你無法在短時間內得出結果。

另一方面，執行門檻愈來愈低了。拜電腦處理能力提升、分析資料能力普及所賜，輕輕鬆鬆就能進行測試。例如網頁設計，與其在公司內部反覆檢討，不如準備二十種模式，開放給少數使用者測試，才能更快接近正解。

不只是網路，實體商品也一樣。3D列印機的發明，使得製造產品原型的成本大幅下降，也是降低執行門檻的功臣之一。

隨著全球網路化的進展，上述趨勢會愈來愈明顯。畢竟各種執行成本都下降了，反正先做再說，大不了邊做邊修正，這就是現在的主流。

當然，貿然執行一定失敗，說不定嘗試十次會失敗九次，那也沒關係，失敗了再修改方向就好。**只要放下得失心，就能順利執行DCPA循環。**

如果只有挑戰一、兩次的機會，就會有「只許成功、不許失敗」的壓力，只能步步為營。不僅得耗費時間準備，萬一煞費苦心卻出差錯，影響非同小可。另一方面，假如環境允許你「先做再說」，那麼稍微失敗也沒關係。嘗試次數愈多，失敗造成的損失就愈小。

在職場上也一樣。

跟以前比起來，現在的社會允許我們挽回過錯。以前的人都把人生獻給公司，在職場跌倒等於事業完蛋，但現在有很多補救方式。

無論是換工作、自立門戶或創業，跟從前比起來都簡單得多，而且工作之餘，你也能找副業或做志工。在網路上很容易找到志同道合的人，各位不妨盡量做喜歡的事，只要能沉浸在自己的世界中，就能創造稀有價值，找到生財之道。**這年頭，想要活得多采多姿，成本比以前低廉多了**。

以前的人習慣對公司從一而終，一旦換工作，就會被貼上「沒出息」的標籤。從前一旦錯了就全盤皆輸，害怕失誤的壓力壓得人喘不過氣，每個決定都影響甚大，導致無法反覆嘗試。不過，這年頭換工作很正常，大家都知道「儘管放手去做，就算失敗也能累積信任，下一次機會（職場）再挑戰就好」，降低了做決定的門檻。犯錯也能東山再起，所以大可反覆大膽嘗試。

只要敢走出同溫層，就能放膽冒險。如此一來，即使待在同樣的職場，也很容易引發新的變化。

萬一換工作碰了一鼻子灰，給別人添了麻煩，只要勇於不斷挑戰、自我成長，就算得花上數年，總有一天終能得到回報。

唯一能肯定的，就是正因為這年頭容許大家不斷嘗試，所以**與其跟大家在同一場遊戲爭得你死我活，不如去玩別的遊戲，競爭還比較少**。

我只是換工作十二次，就能出書、上電視，但是在美國，換工作是很正常的。在日本，換工作能使你出類拔萃，減少競爭對手，當然容易贏得勝利囉。

6 挑戰愈多次，愈可能當贏家

現代社會允許失敗者東山再起，這表示什麼？失敗愈多次，重複愈多次DCPA循環，愈能快速成長。失敗為成功之母，而安於現狀、不敢挑戰的人，等於放棄成長。

不僅如此，現代社會日新月異，只專注做一件事，其實是有風險的。

像暢銷書《LIFE SHIFT百年時代的人生戰略》也主張：這年頭，連專家也漸漸不能只靠一項專長維生，必須多加拓展新領域，成為「斜槓專家」才行。

現在能靠某項專業技術賺錢，不代表以後也能靠此高枕無憂。不僅如此，現在流行在網路上分享各種知識，一門專業技術很快就不再是某些人的私有物，專業技術的「專業」時效愈來愈短。那麼，該如何發展另一項專業技術？如果不希望自己的價值變得平庸，只能多學幾項專業技術。

DCPA
挑戰愈多次愈好
機率論最佳解

假設待在同一家公司只能磨一枝箭（專業技術），那只好去外面磨第二枝、第三枝箭。換工作是個方法，但找個失敗風險小的副業來做，或是當志工也不錯。從事副業或當志工，就當作是拓展自己眼界的投資。

沒有人知道哪枝箭能引發下一波世界潮流，**在這種充滿變數的情況下，只能多方嘗試，愈多愈好**。亂槍打鳥，總會打中一次。換句話說，這年頭「挑戰愈多次，愈可能當贏家」。

其實，這跟靠著反覆嘗試來找出機率論最佳解的工學研究法不謀而合。

假設我們計算某個不規則圖形的面積，一般的做法是將各曲線化成函數，然後再取積分計算；而「找出機率論最佳解」，就是捨棄上述做法，計算亂數粒子位於圖形外側或內側的機率，以求面積的近似值（亦名「蒙地卡羅方法」〔Monte Carlo method〕）。

雖然這不是找出唯一正解的公式，但是反覆土法煉鋼，得到的答案也十分堪用，接近正解了。況且只要電腦的處理速度愈快，這項方法的成本就愈低，能輕易得出解答。

「挑戰愈多次愈好」不僅適用於工作態度與職場，對你的整個人生也有幫助。

就拿我來說吧，我沒有異性緣，也不知道該如何吸引女性。那怎麼辦？我去跳騷沙舞。歐洲的舞蹈原本都要求特定舞伴，但是日本的跳舞人口陰盛陽衰，所以男性成了搶手貨，每一首曲子都得換舞伴，下一位、下一位、下一位……形成一種奇妙的文化。拜它所賜，我每晚都能與二十位以上的女性共舞。

遇上這麼多舞伴，就算是我這種活在網路世界的宅男，至少也會有一個女生看上我——那就是我現在的太太。遇見太太之前，我大概跟兩百個左右的女生跳過舞（感謝太太搶在兩百人之前選了我）。

這年頭充滿了變數，沒人知道接下來該學什麼才吃香，對某部分人而言更是如此。既然抓不住方向，那就只能隨機與多數人跳舞，多嘗試才有機會。

DCPA
挑戰愈多次愈好
機率論最佳解

7 瑞可利最看重「界外區」

無論是先發制人、反覆嘗試的DCPA循環，或是活用電腦處理能力的機率論研究法，都是在網路時代殺出重圍的利器。

而它們的對照組，就是利用產品、服務來標榜自己的堅持與價值觀的傳統方法。這兩種方法的差異，就如同網路媒體與紙本雜誌。我認為兩者各有千秋，而且缺一不可。

瑞可利將這兩者稱為「藍色力量」與「紅色力量」[1]。適合網路時代的「先做再說」的攻略法，稱為「藍色力量」；而崇尚價值觀，主張「不，我們還是必須有自己的堅持」的攻略法，則是「紅色力量」。

如各位所知，瑞可利的主要業務就是媒體經營，例如「SUUMO」、「Zexy」、

「Rikunabi」[2]。

我在瑞可利上班時，媒體主流剛好從紙本轉移到網路上。紙本媒體必須事先建立縝密計畫，犯錯沒有轉圜的餘地，不能雜誌印出來才發現錯字，也不能重印。

到了網路時代，這種做法已經過時了。如果有空想東想西，還不如趕快製作原型測試。紙本雜誌的錯誤無法輕易消除，但網路世界不同，適合實地測試、邊做邊修正。

網路跟紙本雜誌還有另一個不同之處，那就是網路沒有封面。紙本雜誌的讀者必須先看封面，才會翻開雜誌閱讀，因此封面與目錄凝聚了編輯的心血。

另一方面，由於網路使用者都是藉由搜尋引擎或臉書點擊連結，因此無法預料究竟會有哪些人、抱著什麼期待點進來。是從Google搜尋找過來的？從臉書、推特連過來的？還是從新聞APP連過來的？這些數據，唯有事後才能得知。

我們必須對多數管道進行最佳化，因此以效率來說，反覆測試、用次數拚機率會是最佳方式。

不過，儘管如此，如果編輯沒有為報導的客群與品質把關，就失去了媒體的本質。

在網路世界，只要遵守SEO（搜尋引擎優化），在短期內反覆執行「DCPA循環」，的確能得到漂亮的數字，卻會陷入數字優先的ＰＶ（點擊率）至上主義。

如果沒有信念，就會引來批判：「難道只要數字好看，內容都不重要嗎？」事情嚴重起來，很可能會像DeNA的入口情報網[3]一樣引爆輿論不滿，導致關站。

「絕不刊載來路不明的可疑資訊」，「只報導經過採訪的第一手情報」，「不開黃腔」，媒體必須知所分際，清楚「什麼可以做，什麼不能做」，否則就會重蹈覆轍。

這道分界，瑞可利稱之為「界外區」（OB Zone），引用自高爾夫球術語。守住自己的球道[4]，**無論遇到什麼誘惑，絕不向界外區出手。這樣就能激發自己的美學、堅持與能量，引發共鳴**。

瑞可利的紙本媒體經驗很長，在這「藍色力量」當道的網路時代，必須學會快速行動、用次數拚機率。基於這個前提，我摸索著該如何使兩種力量互相輝映，意即「從藍色力量激發紅色力量」。我請他們讓腦袋轉個彎。

然而，置身數位世代，這年頭的年輕人或許需要的是「紅色力量」才對（想想自己的堅持在哪裡，底線在哪裡）。如果事先定好絕不碰觸的界外區，當然能成為道德上的一把尺，**但也有可能太有個性，導致與其他人差異太大**，請各位務必當心。

界外區（「這裡我絕不出手」、「這不是我的分內工作」）並非局限自己的可能性，而是激發自己的決心（我想鑽研這項領域、技能、能力，其他事我一概不管）。比起決定「該做些什麼」，決定「不做什麼」來得容易許多，不會限制各位未來的可能性。

1 Recruit，日本的大型人力仲介公司。
2 這三個分別為不動產資訊網、婚姻資訊網與雜誌、人力仲介網。
3 DeNA的醫療資訊網WELQ由於侵權、刊載不正確內容，且大量文章都缺乏醫師審核，引發輿論批評，最終關站。
4 Fairway，指梯台與果嶺之間的區域，球落在這裡比較容易彈跳、滾動。

8 麥肯錫告訴我：這才叫專業！

我在「前言」說過，隨著全球網路化，接下來想在職場出頭天，必須成為專業人才。那麼，該怎樣才能成為專業人才？我在麥肯錫（McKinsey & Company，當時叫做 Mckinsey & Company Partner）工作時，當時的人生導師——橫山禎德先生，教會了我這項道理。

我一出社會，就在麥肯錫擔任企業顧問。在麥肯錫，即使是剛畢業的菜鳥，也必須向客戶要求一小時數萬圓的酬勞。在客戶看來，顧問就跟計程車的計費表一樣，在他們面前把錢一點一滴吸走。因此，顧問常被要求物超所值，壓力很大，而菜鳥又多半在客戶的公司工作，壓力就更大了。

為什麼要收這麼多錢？因為顧問是一門講究專業的職業。

所謂的「專家」，就像我之前說過的，意思就是公開宣示的人，意即對公眾發誓的人。

Professional一詞，原本只用在醫生、法界人士（律師或法官）與神職人員身上。醫生、律師、法官與神職人員掌管人的生死，身為神的代理人，必須恪守倫理道德。因此，一旦就職，必須發誓自己會遵守職業倫理。

大家都知道，醫生的倫理規範是「希波克拉底誓詞」；而此後，取得醫師執照者，也必須對國家發誓。

現代的專家——顧問，也對客戶負有重責大任，依照公司規模不同，甚至有可能左右好幾萬員工的生活。然而，顧問並沒有「希波克拉底誓詞」之類的倫理規範。

因此，橫山先生語重心長地對我們這些菜鳥說：**「我們只能在心中創造自己的神，不斷對祂宣誓，以求自律。」**

從那之後，我為自己訂了幾項工作守則，並且死守到底。

「拿人一分，回饋十分，再回到原點。」

「到了新的職場，先去做沒人想做的骯髒活，再扭轉它的形象，創造成功。」

「找出實力堅強卻不受上層認可的員工，擔任他們與上層之間的橋梁，使上層看見他們的價值。」

我在麥肯錫學到了專業思維，並從中延伸出自己的工作守則。

人類這種生物，一旦放任不管，就會鬆懈怠惰。如果不為自己訂下規則並嚴格遵守，馬上就會鬆懈，無法維持工作品質。所以，必須創造規則管好自己，這不僅是自己的救命繩，同事也會認同你的能力。

還有一點，若要配合現代趨勢，我會為「專業」加上一項條件：**勇敢用自己的名字闖天下**。

如果不想看公司臉色、想得到自由（不管你要不要換工作），你就必須放棄公司的品牌跟頭銜，勇敢靠著自己的名字闖天下。

若你敢用自己的名號闖蕩，等於是昭告天下「我是誰」、「我能做什麼、不能做什麼」。只要堅持下去，就能成為一名自律的專業人才。

在網路上，捨棄公司名號而以個人名義闖蕩的人愈來愈多了。我想，現實世界也會朝此方向演化。在那樣的社會中，躲在公司保護傘下當個小螺絲釘，反而是種風險。

9 想在職場當個專業人才，就必須當責

我在麥肯錫所學到的其中一項道理，就是必須重視當責（Accountability）。所謂的當責，就是「說明的職責」。

顧問跟醫生、律師、會計師不同，不需要國家證照或執照，也沒有職業倫理規範；因此在我看來，顧問不僅必須自律，也必須**簡單易懂地將自己的工作內容解釋給客戶聽**。

客戶會認為：「為什麼我非得付一大筆錢給你？」這種壓力，可謂非同小可。如果不拿出亮眼的成果，令客戶覺得物超所值，客戶就不會認同你，也不會給你下一件案子。尤其是經驗不多的菜鳥顧問，更必須隨時為此絞盡腦汁，否則無法展現自己的價值，拿到巨額報酬。

反過來說，若能看著對方的眼睛，好好說明清楚，**只要是合理的目標，就應該做到**

#當責
#合理的目標

底。

例如以前我在麥肯錫負責某專案時，雖然我長期進駐客戶的辦公室，但是通勤的時候，基本上都是搭計程車，而不是電車（這類車馬費也是由客戶負擔）。能有這種待遇，是因為客戶知道我為了提升提案品質，甚至不惜犧牲睡眠。換句話說，只要「當責」做得夠好，客戶就會認為這些費用不是「成本」，而是「投資」。

只是，夠不夠負責，不是自己說了算，而是由客戶決定。就算說得口沫橫飛，一旦客戶聽不懂，就不算盡了責任。

「客戶」這兩字，其實包含了很多員工。並非所有人都看得見我們的努力，因此**當責的形式不只一種，必須視對象適時調整**。

就拿上一頁的計程車案例來說吧，有些客戶沒有親眼見過我們工作的樣子，難免會覺得我們這些外來顧問就像江湖術士。如果我們膽敢搭計程車去客戶的公司，他們會怎麼想？

假設剛好有個行政部門人員在大門口撞見，搞不好會認為我們這些外來顧問真是太跩了，還以為自己是大老闆啊？這下子，若是專案進入執行階段，說不定行政部門就不願意幫忙了。

先講結論，以前我們甚至會在計程車開到客戶公司的前一個街區就下車，然後說聲：「衝！」接著所有人汗流浹背地走進客戶公司。

為什麼要做到這種地步？說穿了，**當責與否是客戶說了算，不是你說了算**。不要一廂情願，應該為客戶編造一個他喜歡的故事，才叫做當責。如果客戶看到我汗流浹背的衝進公司，就願意開開心心幫我，跑過一個街區算什麼？我還不跑好跑滿。

這種當責思維，不僅是對客戶，對待同事也是一樣的。當然，最重要的前提是提高生產品質，用實力來付出貢獻。想得到主管與同事的認同，就必須讓對方明白：你到底為公司帶來了什麼成果。

10 視ROI為最高準則，用最少的時間帶來最大效益

如果你是個不依賴組織的專業個體戶，請你務必記住這三個字：ROI（Return on Investment，投資報酬率）。換句話說，你所投資的時間或金錢，能換來多少成果？

就像伊賀泰代的知名暢銷著作《麥肯錫都用這8招做到超效率生產力：一流人才需要的不是聰明頭腦，也不是好人緣，而是「快、準、好」！》所言，麥肯錫最看重的就是隨時提高生產力，而測量生產力的簡易指標，就是ROI。

所謂ROI，指的不是成果報酬，領固定薪水的上班族可能比較難體會。因為無論有沒有展現價值，薪水都不變。然而，不管你花了多少時間、精力，只要沒有展現價值，那份工作就等於沒有價值。說白了，別人對你的評價不會上升。

所謂的「價值」，從客戶的角度來看，就是物超所值。**以前在麥肯錫，我主管的口頭**

禪就是「拿出價值」，簡單說就是「用最少的時間換來最大效益」。

為了讓各位一看就懂，咱們來想一個單純的例子吧。

在麥肯錫，換算成時薪，我這個菜鳥跟主管的時薪大概相差十倍以上。薪水差這麼多，但是假如我煩惱十小時以上所想出的結論，跟主管想三十分鐘的結論一樣的話，與其自己煩惱老半天，倒不如跟主管討論三十分鐘，趕快下結論比較划算。

顧問的時薪絕對不低，對客戶而言每分每秒都是錢，他們當然希望顧問能用最少的時間帶來最大效益。

以前還是菜鳥時，主管最常叮嚀的就是：「如果找前輩幫忙能省時又省成本，那就別自己埋頭苦幹了，趕快去找人幫忙。」若有必要，**趕快找人幫忙，這是最重要的一點**。對沒經驗的人當然無法強求太多，但是如果辦不到卻死撐活撐，就算是經驗豐富的高手也愛莫能助。因此，想求救要趁早，趕緊告訴別人你哪裡不會，哪裡卡關了。

當然，前輩一定會嗆你：「連這種事也要問我？」「你知道我時薪多高嗎？」所以必須告訴他，你「辦得到什麼」跟「辦不到什麼」。看起來很簡單，其實做起來可不容易。如果不了解工作的全貌，就不懂自己缺乏什麼（稍後在六十二頁解釋如何掌握工作全貌）。

#你的價值在哪裡
#ROI
#生產力

有了這項認知，你必須對前輩說：「到這裡為止我可以自己來，但如果接下來要自己反覆嘗試，可能得花上兩天。不好意思，能不能跟您借十五分鐘呢？」

前輩的時間很寶貴，所以你不能兩手空空去找他。所有資料都必須備齊，然後一邊讓前輩看資料，一邊請教他。

簡單來說，**將ROI放在心上，意思就是你必須隨時思考，什麼樣的最佳組合，才能擁有高品質生產力？**

你的薪水有多少？將自己做不完的事情找別人幫忙，能節省多少時間，最終成本是多少？無論在任何時候，都應該運用市場觀點，思考該如何以最小成本換來最大效益。只要將這點放在心上，無論在哪家公司、做什麼工作，都能展現自己的價值，節省自己跟其他人的時間。如此一來，你就能將成本壓到最低，令客戶滿意。

不只金錢或物品，時間也是寶貴的資源。如果想讓其他人意識到這點，不妨將冗長會議所花費的成本算給大家看。方法很簡單，只要將課長和與會成員的薪水分別換算成時薪，再乘以會議時間就好。冗長會議的成本動輒高達幾十萬，這一點都不稀奇。

11 控制對方的期望值

當責與否，決定權在對方手上。評價你的人不是你自己，而是你的工作對象。如果對方認為「這點小事你應該辦得到吧」，哪怕你的水準只差了1％，對方也不會滿意。就算達成95％，一百分中得到了九十五分，也很少人會認為「好，你及格了」。90％勉強及格，如果掉到80％，老實說，對方會很不高興。

正確無誤地達成百分百目標，這只是起跑點。達成百分百，收支打平；達成105％、110％，才能超越對方的期待，得到「下一次」機會。就拿輾轉換工作的我來說吧，如果每次不拿出120％，對方就不會認為「找尾原真是找對人了」。假如得不到對方的好評，就沒有下一次了。

以前在麥肯錫，我們最常掛在嘴上的就是：「拿出你最大的生產力，最好讓客戶嚇到噴鼻血！」如果不超越客戶的期待，令客戶驚豔，就沒有下一次機會。我當時的團隊有一

#控制期望值
#期望管理

個基本指導原則，就是：照著客戶的要求完成工作，無論做得多麼好，都不算展現價值。

從這點延伸思考，無論你是換工作或是與新客戶做生意，與其老王賣瓜（我會做這個、我擅長那個），不如先讓對方評估你的價值，然後再一舉超越，以後做起事來會容易得多。換句話說，就是控制客戶的期望值。

重點就是**千萬別讓對方對你期待過高**。有時候，甚至必須刻意降低對方的期望值。

事先誇下海口說「這個我會」、「那個我也會」，事後又說「我還是辦不到」，你的牛皮吹得愈大（對方期望值愈高），事後對方對你的印象就會愈差，比單純辦事不力更糟糕。

控制期望值有多重要？看看旅館官網就知道了。照片上看起來美輪美奐，結果到了現場卻老舊寒酸，你應該馬上就列為拒絕往來戶，不會再來了吧。

反之，若網站上的照片能達到旅客的最低期望值，待旅客來訪，又能端出網站上所沒有的驚喜，旅客就會想再來一次。

其實不需要特別花錢。一點小小的招待，或是棉被特別柔軟好睡，這樣就行了。重點是不能公告周知，而是當作一種驚喜，就能為來訪的旅客留下非常好的印象。

這種思維，就叫做「期望管理」（Expectation Management）。

客戶的期望值與實際上的體驗「落差」愈大、驚喜愈大，滿意度就愈高。反之，若是事先抱著過高期待，就無法形成「落差」，很難令客戶驚喜、感動。但話說回來，期望值過低，就無法吸引客戶了。

因此，我們必須先提高對方一定程度的期望值，吸引對方行動，然後就別再輕舉妄動。到了正式上場的時候，再一舉端出遠超過對方期待的最佳驚喜。見機行事、做好期望管理，是非常重要的事。

毛遂自薦時，別只是攤開自己的業績，記得要提高對方的期待，然後再令對方驚豔，才能在對方心中留下深刻印象。各位讀者，不妨自己多加研究嘗試喔。

控制期望值
期望管理

12 工作流程三重點：規劃大綱、限制條件、決策

一般公司預計三年完成的專案，麥肯錫這家公司會說「在半年內把成果拿出來」，「三個月內做一次全公司健檢」，因此大家會卯起來拚命工作，只為了趕上交貨期。

不只是趕上交貨期就好，公司還會在最後的最後意圖提高品質，因此員工只能咬牙撐下去。在最後簡報的兩天前，萬一公司認為「這麼做比目前的版本好」，就會下令所有資料全部重做，連眼睛都不眨一下。

大家都說在麥肯錫能得到三倍成長，理由很簡單，因為同樣的時間要做三倍的工作。在這樣的文化之下，大家最常思考的就是身為專業人員，該如何做才不會拖累別人、可以提高生產力。

在一大堆工作之中，哪些事情是自己的分內工作？在最終成果當中，自己該達成的任務是什麼？如果不事先掌握這幾點，就會連自己能做什麼、不能做什麼都不知道，導

致白費工夫。

為了避免這種悲劇，必須**養成事先掌握大綱的習慣（粗略即可）**。MECE分析法[1]能夠有效將相關要素「不重疊不遺漏」地列舉出來，有助於大致規劃。此外，我也在麥肯錫學到一招：整理資料時，先用「空白圖表」（Blank Chart）畫分鏡。

所謂的「空白圖表」，舉個例子，如果要將簡報的資料整理成九張，那麼首先分成九等份，並寫上標題，如：第一張是「市場課題」，第二張是「情報課題」，第三張是「機會課題」，第四張則寫出預見的「假設」，第五張說明「假設的驗證方法」，第六張則是實際「行動」。接著，在第七張揭示「中期里程碑」，第八張是預測「風險」，最後在第九張闡述「結論」。

如此這般，規劃好大致流程、想好各頁面的主題後，接下來就是要在每一頁寫「一行簡介」。必須讓客戶只看這一行簡介，就能了解你的提案。我們必須像這樣事先規劃大綱，初期「一行簡介」下方可以空白（請參見下頁圖示）。

完成以上事項後，終於能好好研究每一頁的內容了。最適合用來輔助的圖表是流程圖？長條圖？還是矩陣圖？請各位視整體平衡規劃、調整。

一般人很容易一想到「市場」，就先擺出圓餅圖。如果用了這種方法，客戶就只能看

空白圖表的大致使用法

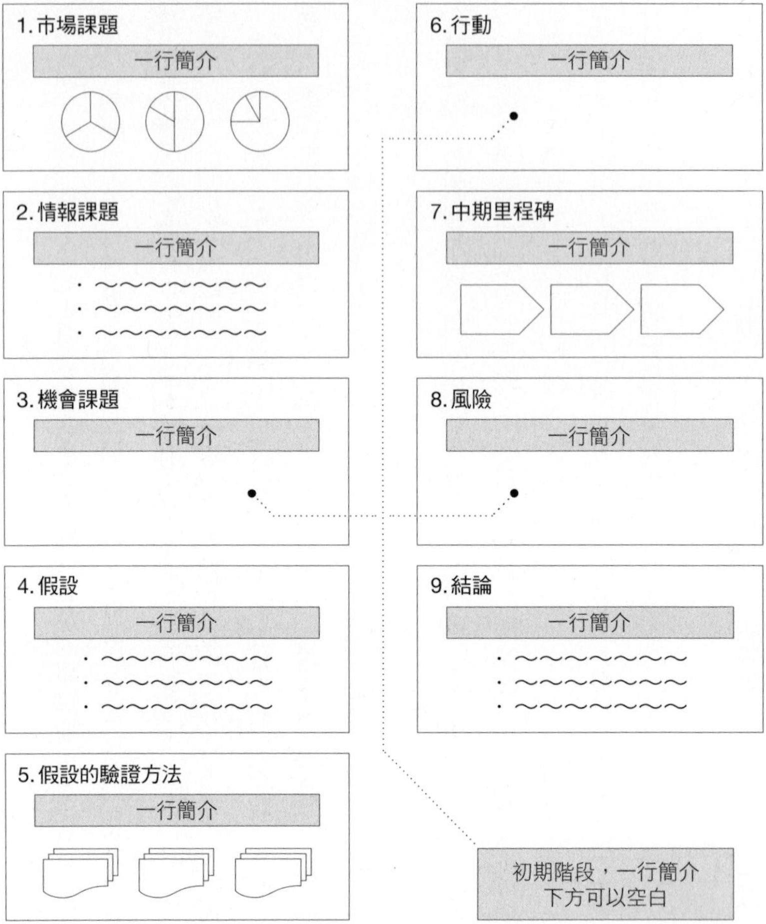
1. 市場課題
一行簡介
2. 情報課題
一行簡介
3. 機會課題
一行簡介
4. 假設
一行簡介
5. 假設的驗證方法
一行簡介
6. 行動
一行簡介
7. 中期里程碑
一行簡介
8. 風險
一行簡介
9. 結論
一行簡介
初期階段，一行簡介
下方可以空白

到圖表所呈現的事實。

順序應該反過來才對。先列出簡介，然後再擺出圖表輔助。事先規劃大綱、訂定各部分的重點任務，就能看出哪部分的簡介很弱、哪部分的調查做得不嚴謹。一旦知道單憑自己無法負荷，就能早點向其他人求救。這樣子，就能避免陷入危機。

事先跟客戶談好工作目標與限制條件，不僅是為自己打預防針，也是重要的步驟之一。這裡所說的客戶不僅是做生意的對象，也包含跟你同一家公司、等待你繳出成績的所有人。此外，所謂的限制條件，就是自己的團隊無法突破的限制（比如客戶所制定的預算）。

為了提高品質絞盡腦汁，萬一客戶在專案後期突然說：「品質不必太苛求，成本壓到最低才重要。」前面的努力很可能化為泡影。因此，必須事先跟客戶談好，究竟目標是什麼？限制條件又是什麼？

還有，整理資料整理了老半天，也很可能最後有人告訴你：「這份採訪不要用。」「這數字不好看，用別的資料。」

這種事情絕對不能發生，所以**在交出成果前，要先跟客戶談好「哪個時間要由誰檢查**

哪個部分」，以做出決策。比如採訪結束後，先讓客戶過目，事先說好必須得到誰跟誰的同意才能製作資料，就能避免白忙一場。

1 Mutually Exclusive Collectively Exhaustive，泛指不重疊、不遺漏地分類一個重大議題，藉此掌握問題核心，解決問題。

13

如何斬斷迷惘、果斷決策與行動

事先規劃大綱、談好限制條件跟決策，就能減少白費工夫的機率，快速得出結果。這是提高生產力的最佳方法，此外，還有另一個訣竅，能教大家提高效率。那就是果斷。

我在前面說過，專業人才需要做到當責（說明的職責），而當責與否是由客戶決定。這是事實，而我領悟到一項道理：**「如果對自己當責，就不會迷惘。」**所謂對自己當責，就是知道自己為什麼這麼做，而且也認同自己的做法。

想提高生產效率，與其加快行動速度，不如縮短行動前的思考時間。無法想到什麼就做什麼，多半是因為擔心憂慮，在心中天人交戰。「這樣真的好嗎？」「難道沒有其他做法嗎？」如果你開始天人交戰，就很難踏出下一步。

當然，回顧自己的行為，在自我成長中是不可或缺的一環；但想得太多，就會原地打

#如何斬斷迷惘
#當責
#領導力

轉，無法勇敢行動。假如不再猶豫，就能快速果決地下決定，也能提高效率。

此外，就算一開始沒想太多就行動，事後回顧起來，頂多覺得「若是做法再細膩一點就好了」，卻不會後悔行動。只要能隨時對自己當責，就不需要動不動便後悔。

對自己當責，也有助於提升領導能力。

沒有迷惘，就能果決地不斷執行任務，周遭的人自然會跟隨你。**很多人或許沒有發現，其實自己希望由別人做決定**。因為這樣比較輕鬆。有些人則是每件事都得自己作主，否則誓不罷休，但這種人比較少。

如果團隊的中心人物沒有迷惘，就能果決地不斷執行任務，自然能在短時間內交出高品質的成果。效率好，團隊士氣就會提升，也能交出更好的成果，形成良性循環。

14 Google所重視的「合理性」

Google有種思維叫「合理性」（Rationale），我在Google上班時，不禁覺得：「這就是麥肯錫所說的當責！」Google將「為什麼自己要這麼做」的合理解釋稱為「Rationale」。

即將展開一個新案子時，必須先合理解釋「為什麼要這麼做」，才能進入下一步，這就是Google的文化。為什麼Google能不斷開創全球最新視野，就在於無論點子多麼天馬行空、無論點子是誰提出來的，只要夠「合理」，就能著手執行。

「在美國，我們是按照這種條件執行，但日本限制〇〇〇，使得△△△的普及率增長X%，成本增加Y%。但是，我們預測一旦消費者開始使用，使用率將比美國提高Z%，所以很有可能成功。當然也有失敗的風險，屆時還有備案。」

如此這般，只要引用數據跟事實來合理解釋，上層就會說：「很合理，去做吧。」

Google
合理性

Google是國際企業，員工分別來自於不同文化背景，無法「上下一條心」，因此才需要合理的解釋；反過來說，只要貫徹合理性，即使在充滿變數的領域也能果斷決策。正是因為有這項堅持，Google才能勇於創新、挑戰。

附帶一提，Google有個專業小組負責儲存、驗證從世界各地蒐集的合理點子。累積這麼多真知灼見，就算遇上未知的冒險，也能以相當高的準確度預測走向，果斷做出好決策。這也是Google的強項之一。

無論身在Google或是其他地方，只要你想做很酷的事情，就必須想出沒人想得到的合理點子。當全世界的人都認為「不可行」，你更應該趁機拔得頭籌——這種街頭智慧（詳閱一六七頁）若加上合理性，可謂如虎添翼。

大家都認為不可行、也不想做的事情，只要換個角度檢視，就能好好解釋原理。找出合理性，或許就能跟Google團隊一樣，做出絕佳的好成績喔。

15 「終極性善論」是Google強盛的祕訣之一

關於人性，有相信人性本善的性善論，也有相信人性本惡的性惡論。考慮到懷疑別人會耗費時間與成本，還不如從一開始就相信對方，反而能大幅提升生產力。

以效率為最高指導原則的Google，連「懷疑別人」都視為一種成本。如果我們懷疑、檢視對方所說的每一句話，就會耗費時間與成本，無法有效率地工作。因此，只要對方與Google的價值觀一致，Google就會先相信那個人。我稱之為「終極性善論」。

與日本企業相較之下，Google是人種、國籍與宗教的大熔爐，員工分別來自不同文化背景。在這種環境之下，哪有時間一一懷疑對方？因此，只要對方同樣擁有「Googley」的價值觀，Google就會先無條件接受、相信對方。

在Google這家公司內部，並沒有明確定義什麼是「Googley」；每個人對此的定義都不同，而我個人對這種Google派價值觀的定義是：「不自我中心，以未來為重；不獨攬資

終極性善論
Googley
唯有信賴能趕上變化

源，勇於分享；引領他人前進，且不忘尊重每個人的不同。」

如果能省下懷疑他人的成本，就能有效率地互相交換資訊與知識，禮尚往來。與其一一懷疑別人（「這是真的嗎？」），不如坦然相信別人的說法（「原來是這樣啊。」）。「說到這個，我認識幾個不錯的人喔。」「有這種服務喔。」「把這兩項結合起來，應該不錯。」禮尚往來的次數愈多，總有一天會迸出有趣的火花。與其提出負面疑問，不如正面接納對方所說的話，然後再延伸發問，就能加快資訊交換的速度。一旦大家都採用終極性善論、互相信任，就能產生更多好點子。此外，少了勾心鬥角，心情上也輕鬆許多。

就拿Google的副總裁來說吧，他很忙，但若你拜託他：「因為〇〇〇，所以我想跟您討論一下，請撥空跟我一對一開會。」只要〇〇〇的理由合理，基本上不會有人拒絕（不過如果太忙，也常常不回信就是了）。

像這種超級忙的大人物，都固定有幾小時的會議時間。每次會議時間是十五分鐘，先搶先贏，只要預約成功，無論想找誰開會都沒問題。即使沒有事先呈上議程，他們也會語氣輕鬆地來問你：「幹嘛？」

日本人很不擅長信任別人。硬要說的話，多數日本人寧願將自己辛苦得來的知識與訣竊藏起來，據為己有。他們喜歡築起象牙塔，將自己關在裡面。

一旦我決定信任對方，基本上，我不會拒人於千里之外。對方說了什麼，我都會坦率接納，然後無條件分享自己知道的事情。只要你不封閉自己，對方也會敞開心胸，與你交心。所謂的知識，就是分享得愈多，愈能得到回饋，不會因為被複製而減少。因此，我的立場就是：付出就是占便宜。

分解「信賴」這兩字，就是「信任依賴」。**不能先「依賴」對方，而是先「信任」對方。**

或許會遭人背叛，但是如果想太多會讓你裹足不前，不妨就相信吧！只要敞開心胸「信賴」對方，對方也會「信賴」你。也許當中有些壞人，不過大部分的人應該都會誠心回覆你。

就算偶爾遭到背叛，與其每次都疑神疑鬼，不如省下這些時間與成本，有效率地創造更高品質的產品。這是我的想法。

終極性善論
Googley
唯有信賴能趕上變化

16 「視工作為己任」將為你的專業帶來成長，賦予你驅動別人的能量

瑞可利這家公司的規則，跟麥肯錫與Google都不一樣。我在瑞可利最感到佩服的，就是他們強烈地將工作當成自己的事情，換句話說就是「視工作為己任」。

當然，所謂的工作，八成以上都是遵照上級指示行動，不過他們依然會頻頻來問你：「你想怎麼做？」「在這份工作當中，哪些部分你會當作自己的職責？」「你想解決什麼問題？」

瑞可利的創辦人——江副浩正先生，以前所訂下的社訓是**「自己創造機會，再由機會改變自己」**；瑞可利的公司文化，就是這句社訓的濃縮版。

自己抓住機會，然後創造成績、讓別人知道你勇於挑戰，接下來就會有更大的案子、更具挑戰性的工作來找你。視工作為己任，懷抱目標來執行任務，別人看在眼裡，自然會介紹其他人給你。有了這層循環，就能加速成長。對於想要「做大案子」、「為世界盡一

份心力」的人而言，成長就是最棒的報酬，因此這是非常好的良性循環。

在瑞可利，他們不會叫你「哪個部門的誰誰誰」，而是常常問你：「尾原怎麼想？」「尾原，你會怎麼做？」上級不是問你們這個團隊的意見，也不想聽你講場面話，而是想聽你個人的意見。

瑞可利是由員工與自營工作者所組成的組織，難怪會形成這樣的文化。大家都對自己的工作懷有責任感，視工作為己任，自然容易做出成績，同時也有助於發展自我能力與特質。因此，公司內不會互稱「行銷部的〇〇先生」或是「團隊領導人〇〇小姐」，只會稱對方為「〇〇先生／小姐」。

如果你還用公司名稱、部門、職位頭銜來闖天下，就稱不上專業人士。因為你借用了公司、部門跟職位的招牌。把這些頭銜全部甩開，若能讓別人看到你就馬上想起「啊，你是那個〇〇先生／小姐嘛」，才稱得上不依賴公司招牌、靠實力闖天下。

附帶一提，瑞可利跟麥肯錫有個共通點，那就是老員工的人脈非常穩固。無論年齡差距有多大，就算以前待在公司的時期完全不同，光是以「瑞可利老員工」、「麥肯錫前員工」的身分，就能馬上與人打成一片。能交心、擁有相同價值觀與志向的夥伴，離開公司之後，反而能為你提供許多協助。

瑞可利的「視工作為己任」文化，說穿了就是「能量」。自己先變成發光發熱的火球，你的能量也會分給其他人。「這樣的世界肯定比較快樂！」「變成這樣才對嘛！」你的正面思想會傳播給愈來愈多人。

舉個簡單的例子，想想「Hot Pepper」。Hot Pepper本來是以餐廳為主的免費折價券雜誌，儘管現在普及度高，但他們剛開始提供服務時根本乏人問津。不久，平尾勇司這位了不起的人物進了公司（後來他出了《Hot Pepper的神奇故事》一書），發起一項大改革：將原本視業績多寡給薪的業務員薪資，改成定額制月薪。

改成定額制後，雖然很多人實際領到的薪資變少了，但Hot Pepper的進化從現在才開始。他們做了什麼？很簡單，他們打出「讓在地人發展在地」的口號，創造了這麼一個故事：讓在地人去在地餐廳吃飯，讓社會上的人都能開心吃飯，是多麼明亮而美好的未來呀。

對業務員而言，不僅有個讓世界變好的願景，而且自己還貢獻了一份心力，更棒的是自己還能大幅成長。有了這三項因素，員工個個都變得充滿幹勁。

如果是照業績給薪資，業務員就會獨善其身，不會將資訊或訣竅分享出去。萬一將自己的訣竅分享出去，業績被別人搶走，怎麼辦？可是，假如大家都相信「我們一起將世界變更好吧」的願景，分享資訊或訣竅的人反而很有面子。依據這種模式，就能成功將「視工作為己任」的能量傳播、擴散出去。而在這段過程中順利成長的員工們，從Hot Pepper畢業後，就能變成老闆樂於高薪網羅的人才。

我在第三章也說過，今後ＡＩ會愈來愈進化，取代人類的工作；然而，即使在那樣的時代，能用本身的能量激勵他人的「瑞可利式」領導能力，依然是不可取代的。「視工作為己任」，永遠都是加速成長、激勵人心的動力。

17 像「Zexy」一樣成為領域代名詞，工作就會自己找上門

以前在NTT DOCOMO「i-mode」開發團隊時，我學到的最大道理就是關於「品牌」。當年公司稱之為「邦迪策略」(BAND-AID)，室長松永真理要我們千萬注意，要超越符合i-mode定位的「種類名詞」。

什麼叫做「要超越種類名詞」？就像「邦迪」隸屬於「ＯＫ繃」，但我們講到「邦迪」時不會使用「ＯＫ繃」這個詞。

「邦迪」是嬌生公司（Johnson & Johnson）的注冊商標，是「ＯＫ繃」類別的產品。但是，很多人在藥妝店並不是跟店員買「ＯＫ繃」，而是說「我要買邦迪」。如此一來，店員八成就會拿出嬌生的邦迪，而非其他品牌的ＯＫ繃。邦迪，成了「ＯＫ繃」這類商品的代表。

i-mode也是以此為目標。而這項策略，確實押對了寶。

i-mode的成功，使得電信商KDDI也開始做「EZWeb」，J-Phone（現在的SoftBank）開始做「J-Sky」等手機網路服務，但兩者都沒有成為該領域的代名詞。長久以來，「i-mode」就是「i-mode」，它並不歸類於「Mobile Internet」（行動上網）。

這下子，來手機通訊行的客人都會說「我要買i-mode」了。假如店員說：「您的手機是Au電信商[1]，所以用的是EZWeb。i-mode是DOCOMO電信商的服務。」客人就會直接跳槽，說：「那我要換成i-mode。」

若是以個人事業來比喻，「○○先生」絕對比「A公司的○○先生」、「業務部的○○先生」或是「T大畢業的○○先生」好上許多。「A公司的」、「業務部的」、「T大畢業的」都是種類名詞。**冠上了種類名詞，就表示你會被拿來跟別人比較**。

就拿我來說吧，大家多半叫我「尾原先生」，不大會叫我「待過麥肯錫的尾原先生」、「待過瑞可利的尾原先生」、「待過Google的尾原先生」或是「待過樂天的尾原先生」。大家都知道我的用處是什麼，我不必一一解釋，而且當他們開創新事業時，若有需要，也會主動找我。

瑞可利旗下的新娘誌《*Zexy*》，也具有超越種類名詞的品牌能量。《*Zexy*》以前在Google的搜尋熱度曾超越「結婚」兩字，這品牌就是這麼強。

結婚需要考慮很多事情，比如婚禮日期、婚宴會場、菜色、婚紗、小禮物、續攤主辦人、預算，還得煩惱喜帖要寄給誰、不要寄給誰。然而，即使上網搜尋「結婚」，還是不知道接下來要做什麼。此時只要搜尋「Zexy」，它就會告訴你結婚需要辦的所有大小事。除此之外，還會給予建議，幫你打造最適合的幸福婚禮。

到了現在，《*Zexy*》雜誌依舊是96％準新人的最佳選擇。換句話說，有九成以上的人，提到「結婚」就會想到《*Zexy*》。這種狀態叫做「**純粹回想**」[2]。

提到「什麼」就想起「某某人」，若能善用純粹回想這招，就會如虎添翼。因為，一旦遇到類似情況，別人就會想起你。「這類問題找尾原就對了。」只要這種想法深植人心，即使不主動出擊，客戶也會找上門。

純粹回想的最強型態，就是像「估狗一下」（Google）一樣，成為動詞。瑞可利的女性求職雜誌《とらばーゆ》[3]便成了流行語，由雜誌名稱衍生為動詞，意指「女性換工作」（とらばーゆする）。

說到個人演變成動詞的例子，最知名的就是自由記者津田大介（@tsuda）的「tsuda一下」。推特剛開始流行時，津田先生在推文中開了線上研討會直播，這就是它的由來。當時的人，一提到「推特」就想起「tsuda一下」，提起「tsuda一下」就想起「津田大介」。從此，他成為「推特專家」，也成為各家媒體寵兒。

1 日本三大電信商之一，其他兩大電信商分別為NTT DOCOMO、SoftBank。
2 Pure Recollection，這是一種廣告調查的方式，做法是詢問調查對象最近看過什麼廣告、記得多少廣告內容。若不給任何提示的話，稱為「純粹回想」；若提供線索的話，則稱為「輔助回想」。
3 とらばーゆ，由法文的「工作」（Travail）音譯而來。

18 激勵人心、培育人才的開會祕訣

原本瑞可利是以培養社會新鮮人為重心，後來為了因應網路潮流，開始大量錄取中途即戰力，這時我又進了瑞可利。此時的我，正巧也面臨經理人該如何激勵人心、引發組織潛力的問題，因此這些經驗對我助益良多。

接下來，我要向各位介紹自己研究出來的開會訣竅，這是我基於不斷嘗試，加上其他職場經驗所研發出來的獨門祕訣。**會議開得好，不僅能提高組織的執行力，也能培育人才，十分值得把握。**

當時我負責瑞可利的所有網路行銷（人力資源除外），因此召開了集結八十位員工的行銷研討大會。

這是非常重要的場合，因此大家集思廣益，思考該如何提升品質，以及提升經營效率。最後，我們決定只召集行政組成員，召開**「事前會議」**跟**「檢討會」**這兩種會議。換句話說，為了使正式會議順利進行，我們在事前、事後各開一次會，總共三次會議。

例如，正式會議開完後，我們會在「檢討會」上歸納結論，如「今天提出了這項議題，下次記得先準備」、「這樣做比較好」；而下一次的正式會議之前，會在「事前會議」上檢視相關細節，比如：「上次說好的準備工作完成了嗎？」「這次先講到這裡，其他部分留到下次吧。」

其實這兩種會議分別不到十分鐘，但少了這些，正式會議上的情況可是截然不同。

此外，正式會議最後，我們還訂定了讓各成員發表感想的**檢討（Check Out）時間**（原本是回顧、朗讀報告，後來變成共享電子郵件的形式）。我們會讓全員發表「今天會議中最棒的部分」跟「接下來要如何演變」，發表完畢後，再問他們「該如何讓會議變得更好」，請每個人提出改善的建議。

這麼做的目的，是希望員工將會議「當作分內的工作」。最不好的做法，就是一切交給行政組，態度消極，只去會議露個臉。這樣就失去開會的意義了。

開會的目的就是共享資訊，做出決策。然而，最重要的是，**員工自願對決策做出承**

諾，表明「我來做」。

一旦公開表明「我來做」，大家就會大聲喝彩、拍手，有時甚至還會拍照留念。如此一來，大家就沒得推託了。如果期限到了還沒做，我們便會逐一檢視；這樣子，會議就不會淪為乾瞪眼大會，也能提高組織的執行力。

開會還有另一項檯面下的目的，那就是**培育員工**。開會時，一旦在大家面前做出承諾，當事者就會排除萬難、努力達成，進而加速成長。

此外，主持能力好的人也能做個好榜樣，讓大家偷學技巧。激勵員工將開會當成分內工作，如此一來，員工就不會在會議中裝死，也會在檢討時發表心得。

還有一點，行政組只有四個人，但其中兩人是以前就待在行政組的成員，另外兩人則是新來的成員。我們會事先告訴新人：「三個月後就是你們的天下了！」待他們接管之後，再三不五時施加壓力：「會議要辦得比上一任更好喔！」所以，他們每次都負起責任，不斷思考該如何改善會議。

在電腦跟演算法包圍下成長的我，非得把每件事最佳化不可，否則誓不罷休。因此，我對事情推展的程序很有興趣，也樂於思考該如何改善程序。開會時，不只是「該討論什麼」（What），「該如何開會」（How）也是我一路以來不斷改善的重點。

此外，當時我向主管坦白了一件重要的私人祕密，他看出我不擅長重複執行同樣的工作，於是為我找來一位有耐心、擅長交辦任務的得力助手。我這個人很容易三分鐘熱度，她跟其他成員會鼓勵我、鞭策我，教導我不斷改良的樂趣。如果能將不斷改善視為當責，就能樂在其中，不再感到一成不變。

各位讀者，如果覺得開會浪費時間，不妨聰明改善效率，應該會有意想不到的發現喔。

#開會祕訣
#開會的目的

19 開會不再死氣沉沉！改善氣氛的三大方法

接下來，我要告訴各位控制會議氣氛的方法。即使會議令人呵欠連連，只要方法運用得當，就能改善氣氛。以下就是這三大方法。

第一點，就是**限制會議人數**。

如果每次都是同樣那幾個人發言，會議就有可能死氣沉沉，此時不妨乾脆減少人數。開會人數一旦增加，自己發言的時間就會減少，大部分時間都在聽別人講話。有人發言時，基本上是一個人說話，其他人負責聽，所以是「1對n」的狀態。假如發言人在「1對n」的狀態下許下某個承諾，由於壓力大而加速成長，這是優點；但「n」愈大，其他與會成員的責任感也會愈淡，則是缺點。

若想取得平衡，人數最好限制在五人以下。**只要不超過五人，大家就會更踴躍發言，**

因為默默聽著不講話，實在很尷尬。而容易怯場的人，在五人的小團體中也不會太緊張，因而願意發言。假如超過五人，難免造成發言機會不均。

那麼，如果是更大型的會議（假設是二十五人），該怎麼辦呢？

主動學習學會的羽根拓也先生教了我一個妙招，那就是每五人分成一桌，然後各花十分鐘歸納結論。接著，全員再重新分組，每五人分成一桌，再花十分鐘歸納結論。如此一來，到了後半段，每一桌的成員都是來自其他不同小組。「以上是前半段的結論。以下是我的想法。」先請同桌的每個人發表意見，再開始討論，就能以前半段的結論為根基，更深入地討論議題。

如果一開始就讓二十五個人同時討論，頂多只有五個人肯發言，其他二十個人則淪為聽眾，很難激發集思廣益的火花。每五人一組的小組討論，不僅效率極佳，討論範圍更廣，而且也能歸納出更有深度的結論。

這兩項方法的重點，在於**將會議中的「人」與「事」分開**，「誰講的」不重要，「說了什麼」才重要。尤其日本人很容易本末倒置，不在意討論的「事情」，只在意發言的「人」是誰。

所謂的討論，就是針對一項議題發表意見，不同的意見更能激發火花，達到比當初預想的更棒目標。然而，一群日本人討論事情，總是容易對人不對事，將意見不同的人、反對自己意見的人視為「敵人」。

意見合不合跟喜不喜歡對方，根本是兩碼子事。討論的時候，本來就應該與不同意見的人一同邁向更高的目標。

第三點，就是**幫助與會人員放輕鬆**。

如果希望廣納不同意見，就必須讓大家知道「別人會專心聽我說話」，以及「合理的意見一定會受到採納」。

劈頭就否定別人的人（「你這樣不行啦！」）跟動不動就人身攻擊的人（「你這個人就是……」），會讓其他成員不敢說話，導致開會效率低落。若有以上麻煩人物，請嚴加控制言行。

就算發言有點異想天開也沒關係，「這想法挺新鮮的！」先接納對方吧。輕鬆的氣氛能帶給與會人員安全感，Google很重視這點，並稱之為「心理上的安全感」。只要有了「心理上的安全感」，平常惜字如金的人也會逐漸開金口，充分發揮個人潛能。

20 將人生當作電玩遊戲，你就能擁有最強心理素質

在第一章的最後，我要傳授各位一項防禦技巧。

如果你實踐本書的每一項祕訣，就會在公司變得樹大招風。尤其大企業有一大堆古板老頭，一定會有阿伯酸你：「有沒有搞錯啊，那種不三不四的科技新貴講的話你也信。」

人之所以嫉妒別人，是因為「自己辦不到」，由羨慕轉化為嫉妒。為什麼很多男人嫉妒有錢、有派頭、異性緣又好的男人，就是因為他們想成為那種人。因此，若能不著痕跡地讓大家知道**「我想要的跟大家不一樣」**，就不會在公司內無端遭嫉。

就拿我來說吧，雖然我走訪世界各國，但是我高調展示出來的都是「別人不想要的生活」，因此幾乎沒有人嫉妒我。如果我每晚都上傳跟美女上高級餐廳吃飯的照片，可能會有人嫉妒我，但我上傳的卻是各地的新奇電子產品或奇怪的東西，自然不會有人嫉妒我。

#將人生當作電玩遊戲
#雞蛋不要放在同一個籃子裡

話說回來，到處都有討厭鬼跟扯後腿的人。好死不死，若自己的主管是那種人，該怎麼辦呢？

我認為電玩遊戲的最終魔王，一定要強得沒道理才好玩。兩三下就打敗討厭的主管或前輩，那多無聊啊。扯後腿的對象愈難纏，愈能激起我的鬥志。為了讓強到爆的最終魔王喜歡我，為了跟大家和樂融融地打成一片，我會拚命找攻略祕訣、不斷嘗試，找出最佳攻略，並樂在其中。我相信，除了我之外，也有很多跟我一樣的人。

然而，一關掉電玩，回到真實人生，大部分的人都只會正面迎敵，我實在百思不解。

工作跟遊戲一樣。無論主管多麼討人厭，只要當成電玩遊戲，想辦法找出讓他點頭的方法，一再嘗試，總是能找出弱點。其實，真的沒必要正面蠻幹。

對方的地位愈高、反對派人數愈多，攻略難度也愈高，但**只要當作電玩遊戲，享受這個過程，就不會那麼在意反對意見了**。

不僅如此，就算主管跟最終魔王一樣難纏，幾乎頂多煩你兩、三年。或許，只有你一個人認為：「天啊！我要被他折磨一輩子了！」無論對方是什麼人，只要是職場上的人際關係，都是有期限的；以某種角度來說，這是一場限時電玩賽。

說到底，單單一項評價，無法決定你的人生。**愈是經驗稀少的新鮮人，愈容易認為公司跟主管的評價代表自己的價值。但只要踏出公司一步，就會知道外頭還有很多不一樣的寬廣世界**。

我在第二章會告訴大家，換了工作、換了公司，你的個人評價也會隨之改變。就算目前還無法輕易轉換跑道，也不妨邊待在公司邊做副業或志工，就能得到完全不一樣的評價。現在的主管跟你合不來，也不代表別人跟你合不來。

若要避免對一項評價鑽牛角尖，雞蛋就不能放在同一個籃子裡。直屬主管或同事、隔壁部門的經理、公司重要專案的領導人、生意往來的夥伴或客戶、外部研討會的異業人士、將來想跳槽的公司、志工團體……一旦對象不同，你的個人評價也會改變。別人如何看待我？過去接觸看看不就知道了。因此，沒理由不主動接觸。

若能明白以上道理，日後對上最終魔王主管，會發生什麼事？你一定更能樂在其中，從容不迫地打這場最終魔王戰。

萬一攻略失敗，你也不會失去歸屬。

如此一來，你才能集中精神，打好手上這場遊戲，也能勇於嘗試，不害怕失敗。不對一項評價鑽牛角尖，就是這個道理。

專欄　在各職場都適用的「三種會議紀錄」

我在第一章開頭告訴各位：將會議紀錄做得又快又好，就能成為你的武器。只要是與會人員，任誰都能做會議紀錄，而且單憑一點小技巧，就能大幅提高你的價值。與其在會議室角落坐著發呆，建議各位不如做會議紀錄。

說到會議紀錄的優點，莫過於「遇到不懂的地方能直接發問」。會議紀錄是要記錄給大家看的，你當然能名正言順地說：「不好意思，這部分我聽不清楚，能不能解釋一下？」無論你多麼年輕，對方都樂於回答，而且只要善加利用，還能積極引導開會方向呢（即使你不是會議主持人）。

我打會議紀錄時，會用電腦的Evernote同時記錄「三種類型的會議紀錄」。

第一種，是由「現場觀點」所檢視的「會議紀錄本文」（九十六頁），簡單扼要地統整了當下的會議重點發言。我邊聽邊輸入，因此各議題的時間軸一目了然，方便大家事後回顧會議流程。

第二種，是由「導演觀點」所檢視的「會議表演備忘錄」（九十七頁）。將自己當成幕後策劃會議的導演，深層解讀發言人的用意、觀察與會者的一舉一動，用自己的方式寫下表演備忘錄。

例如，當你聽別人演講時，如果演講人後退一步，在白板寫字，你就知道「他想要我們注意那裡」；若演講人忽然慢慢低聲說話，你就知道「這幾句很重要」。換句話說，這就像劇本的舞臺指示，你只要將台詞以外的敘述性文字說明，以自己的方式寫下來就好。

像這種開會情況以外的後設資訊，並不是要寫給別人看的，而是用來磨練自己的技巧。將聽過一遍的話消化重整，算得上是我的隱藏技能，為什麼我辦得到？因為我有表演備忘錄。光看著那些寫滿檯面上對話的會議紀錄，是不可能重現開會過程的。但只要留著表演備忘錄，就能完美重現那些成功的簡報資料與會議主持人的舉動。藉此，還能提高自己的簡報能力與會議主持功力。

第三點，就是由「製作人觀點」所檢視的「開會重點」（九十八頁）。這場會議的重點是什麼？那場研習會的主題又是什麼？站在主辦人的立場一想，「其實主管根本只是想捧紅這個人而已嘛」！再多思索一下，你就能發現「其實這場會議只是想暗示某人某件事」而已。想到什麼，就粗略記錄下來。

除了一般的會議紀錄之外，你再以導演與製作人的觀點寫下自己的備忘錄，有助於學習會議主持技巧。如果用製作人的觀點想著：「這次我想讓○○先生磨練這些技巧。」再用導演的觀點故意引導○○先生發言、稱讚他，甚至不著痕跡地吹捧他（這可是高難度技巧）。平常藉此機會多多鍛鍊，一旦自己成了會議主持人或簡報發表人，就能從容應對了。

會議結束時，一定會列出「行動項目」的清單，指名誰（負責）做什麼（行動），何時實行（截止日期）。

如果不想讓會議淪為空談，就必須決定接下來的行動，想不到很多公司都沒做到這點。為了讓決策確實執行、釐清責任義務，「誰」、「做什麼」、「何時做」，這三點必須在會議中列出來，然後分享給所有人，屆時員工就不能找藉口說「對不起，我沒做」了。

不要只是看到什麼就寫什麼，若能拉開距離，想想後設資訊，就能成功學會其他人的優點。利用導演與製作人的觀點，多多偷走那些主持高手與簡報好手的技巧，據為己有吧。

等到把撰寫會議紀錄的技巧練得爐火純青，發現會議中缺乏視覺要素？沒問題，當場搜尋，加上去！若找到影片與連結，也貼上去。你不必等到會議後才統整，而是開會時就能整理出一手高品質會議紀錄，這種人才，每家公司都想挖角。不妨利用會議紀錄，讓你在公司內高人一等吧！一定很有趣！

會議紀錄本文（與對方公司共享）

■總結
－大致上OK，但各論點範圍太廣。
－加入〇〇功能是否能有效增加執行效率？必須以實驗證實才行。
－〇〇公司已有前例，為何發展至此？
　必須包裝檢驗可擴充性。
－市場上許多做法都是從十年前沿用至今。
　→當務之急應該是將重點放在未來性與潛力。

■ 行動項目
－組織雛型團隊（B負責　4/11為止）
－編列雛型預算（C負責　4/14為止）
　→得到B與Y的首肯，另外開會（預定4/15到4/17）
－討論關於Out of Box的可能性（B負責　4/11為止）

■下次會議
暫定：XX月〇日 17:00- @對方公司
但是，視Y的反應而定，也可能變更（交給B）

> 從製作人觀點那邊複製一些給別人看到也無所謂的部分，貼到這裡，做成總結。

□會議紀錄詳情
1. 針對既有的老業者
　將基本做法換個包裝再推出，別拘泥於會員制，以利於普及。
　效果奇佳，任誰都能勝任。
2. 針對新業者，必須開發新系統，長期規劃。

如何成為新主流：
－創造「新做法就是〇〇〇」的概念。
　→有了概念，還得有企業執行，否則沒意義。
　→「即使為了效率犧牲市場規模，一旦上對了船，就能賺錢。」
　　明示加暗示，催促他們趕快上船。
　→如何進行社會運動
　　https://www.ted.com/talks/derek_sivers_how_to_start_a_movement?language=ja

劇本：
－說到底，既有的老業者並非敵人，因此可搭配以下三種方式。
　0. 現狀
　1. ××××××××
　2. -----------------
　3. >>>>>>
　　→如果2跟3很有效，不妨加上0跟1。
　　　假如上述程序太費時，可將程序1多分出一些細項。

> 會議結束時，檢查行動項目，立即提出。

推廣Out of Box（光速推廣）：
・若在東南亞，可直接從3開始。
　在進行3之前，先將3做成智慧型手機APP。
・與現有大公司合作，甚至可以考慮XXX、YYY、ZZZ。

導演觀點

對方公司的領導人A
・詳細引用每個人的解釋與行動，
　擅長表達重點，善於引起共鳴。

對方公司的成員B
・基本上配合A，但討論執行辦法時，
　會輕微點頭、眉頭深鎖，
　屬於擇善固執型。
・曾在以下情況眉頭深鎖：
　－○○
　－△△
　　→今天討論的並非真正重點，稍後再不著痕跡地向他探口風。

將會議中觀察到的一舉一動寫下來。

新人D
・在編劇本時明顯跟不上。
・在回程的電車上跟他談談，再跟C繼續執行。

（未出席）負責人Y
・非常我行我素，是視覺思考型的人嗎？
　→跟他聊聊電影，或許能引起他的共鳴。
　→另找機會約A跟Y
　　→或許需要喝酒？

同時製作會議紀錄本文、導演觀點、製作人觀點三種版本。可用Evernote另開視窗，隨時切換輸入。

製作人觀點／行動項目

製作人觀點
－大致上OK，但各論點範圍太廣。
－加入〇〇功能是否能有效增加執行效率？必須以實驗證實才行。
　－〇〇公司已有前例，為何發展至此？
　　必須包裝檢驗可擴充性。
－市場上許多做法都是從十年前沿用至今。
　→當務之急應該是將重點放在未來性與潛力。
－專案負責人Y對成本效益的見識略顯短視，該如何調整？

從這裡面選出給其他人看到也無所謂的部分，複製到「會議紀錄本文」的總結。多少有點偏頗，但統整全員觀點是很重要的。

【會議中】
Done：談論「與國外企業進行大型合作」相關事項。
Done：表達公司對老業者的在意與關懷。

【會議後】
・與A聊聊如何對付Y。
　→若需要喝酒應酬，儘早排入行程表。
・B似乎對執行面頗有堅持，
　曾在以下情況眉頭深鎖：
　　－〇〇
　　－△△
　　→今天討論的並非真正重點，稍後再不著痕跡地向他探口風。

【事後】
・請B問問C，究竟善於引發共鳴的A，
　如何創造團隊向心力，然後再進行培訓。
・確認D到底了解多少，並條列式整理出來。
　→在回程的電車上問問他了解多少，再跟C繼續執行。

這些是自己跟其他成員的行動項目，在敲定議題時不會留存共享（意外地，大家很容易忘記這點）。

第二章

百年人生時代的轉職哲學

在平均年齡一百歲的時代裡，假如六十五歲退休，剩下的人生還有三十五年，無論是在人生價值或經濟面上都太誇張了。基本上，只能趁著身體健康時多賺一點。

人類的壽命愈來愈長，企業的壽命卻似乎愈來愈短。幾年前叱吒一時的大企業，轉眼間就因為跟不上時代潮流或醜聞而凋零，類似的案例愈來愈多。終身雇用制淪為空殼，今後的二十年內，人類一半的工作都將由人工智慧或機器人取代，一輩子只待在同一家公司的人，將成為稀有動物。

工作期間延長，企業汰換率卻激增，大轉職時代即將到來。一旦轉職成為社會文化，「到哪都吃得開、跟誰都合得來」，就變得愈來愈重要了。輾轉歷經十二次轉職的我，將介紹各位轉職與從事副業的訣竅。

21 即使不打算辭職，也要每年準備轉職

即使到了現在，我依然每年都準備轉職。正確來說，不管我要不要轉職，都會在轉職網站登錄資料，持續更新外界對我的評價。

轉職成功、進入新公司後，如果一直都在同一家公司上班，頂多知道自已在公司內的評價，而世人對自己的評價，卻一直停留在找工作的時間點，不再更新。因此，各位應該每幾年就試著轉職，才能客觀地知道自己的價值。

然而，在公司待得愈久，就愈容易覺得「換工作等於失業」，很多人都有這種想法。幾年來累積不少功績的人，就算離開公司一年當作充電，也不至於失業，但他們似乎不相信自己的實力。

尤其是沒換過工作的人，更容易有這種想法。他們會被當下的工作綁住，誤以為「自己只能做這種工作」。即使被黑心公司壓得喘不過氣，還是咬牙硬撐。

#轉職
#公司與個人的關係
#不辭職也要每年準備轉職

對自己沒有信心，是因為沒有察覺自己的價值。**想知道自己在社會上的評價，最好的方法就是投入勞動市場**。換句話說，不管要不要轉職，你還是得試著換工作，才能知道其他公司對你的評價。

不需要實際面試，只要每年更新自己的履歷表與職務經歷列表，然後到Rikunabi或Bizreach等求職網站登錄資料就好。用其他名字登錄看看，有時還會遇到自己的公司開出雙倍酬勞呢，簡直是太扯了。有時候是因為人手不足，條件不開好一點徵不到人，但有些公司純粹只是大小眼，對自己豢養的員工是一套，對社會上的其他人又是另一套。

然而，有些人會酸你：「明明不想換工作，還去求職網站登錄履歷，不管是對你現在的公司或面試你的公司，都很沒禮貌。」「難得拿到內定通知，卻拒絕人家，簡直沒品。」不過，徵人的公司也一樣，他們可能錄取、也可能不錄取你。如果「不想換工作，就不應該接受面試」的論點成立，那麼公司也同樣「沒辦法錄取每個人，就不應該把人叫來面試」啊。

事實上，一般人在職涯中，只會轉職兩、三次。反觀公司行號，卻是每年不斷徵人，而且大部分都沒有錄取。在如此資訊不對等的情況下，用自己的做法修正不對等，根本是天經地義的事。如果平時不藉由求職網站檢視自己的價值，就容易被對方牽著鼻子走。

希望各位不要誤會，「公司」與「在公司上班的你」並非親子關係，公司不是你的父母，你也不是公司的小孩。**公司與個人之間是平等的，是屬於互利共生的關係**。

沒有人可以保證，十年後公司還能存活。儘管如此，別說退休，只是試著換工作就被罵「背叛者」，只是推掉內定就被罵「非人哉」，這是不對的。

轉職
公司與個人的關係
不辭職也要每年準備轉職

22 抱著「隨時都能辭職」的心態，才能發揮最佳本領

無論是公司、客戶或生意往來夥伴，一旦依賴其中一方，人類就會失去自由。因此，你必須與現在的公司、客戶、生意往來企業、手上的專案拉開距離，從別的地方客觀地審視自己的價值。與公司保持適當距離，俯瞰自己的定位。只要平時記得以上幾點，就不會被一件事情綁住，保有精神上的自由。

我每年試著轉職，目的並不只是了解自己目前的市場價值，同時也是為了找出將來的目標，發現具有未來性的產業。

企業會開出錄取門檻，我也一樣，會冷靜地審視這家公司三年後有沒有成長空間。**透過轉職，才能確實審核彼此的賺錢能力，決定要不要攜手合作**。利用這項方法找出自己接下來該走哪條路，事後回顧起來，那些都是自己的升遷資本。

若在一家公司待太久，就很難看出來：目前的工作，只是你跟公司之間的交易。因此，你必須走出公司，經常檢視自己的價值。有些人沒辦法很快轉職，對於這樣的你，我建議去做副業跟志工。關於這一點，我稍後會說明。

重要的是，**你必須走出公司這個框架，實際感受：原來我有這樣的價值啊！**察覺這一點，你就不會過於依賴公司，不會鑽牛角尖地認為「如果離開這家公司，我就失業了」，而且也能跟公司保持安全距離，以對等的地位來往。

只要抱著「我隨時都能辭職」的心態，你在公司就不會成天看人臉色，而能大膽地說出自己的意見。

你不妨逆向思考，想在目前這家公司發揮最佳本領，就必須做好「隨時都能走人」的心理準備。

看公司臉色過活的人，根本沒有辦法認真改變公司。能夠改變公司的，正是抱著「辭職的決心」在公司「繼續奮鬥」的人。

#轉職
#副業與志工

23 詳細劃分專長，靠副業賺錢

如果不想看公司臉色過活、不想當公司的小齒輪，就必須在公司以外的地方找到自己的避風港。萬一遇到什麼狀況，公司可不會保護你，所以靠著做副業或志工來與外界產生連結，也算是為自己留後路。將雞蛋分散在不同的籃子裡，就不會被公司牽著鼻子走，也不會被公司當成隨時可丟的棄子。

然而，聽到「副業」兩字就只會上外包網注冊的人，一定會被那裡的低薪嚇得愣住，開始猶豫不決吧？

截至目前為止的外包網，多半都是些純勞力工作、程式設計師、設計師、插畫家、翻譯等特定職業。不過，在遠距工作的先進國家——美國，職業範圍更廣，例如他們需要專門統率離鄉工作者的專案經理，也需要在緊急狀況下能與對方公司應對調整的人員。

這就是辦公室的白領階級每天在做的事。換句話說，**白領階級的工作，也屬於遠距工作**。事實上，我就是靠著遠端連線，以志工身分參加東京的學術研討會與活動，做一些專案經理該做的事。在美國，遠距工作是有給職。

簡單來說，這是個能將自己的技能全部換成金錢的時代，各位不妨以相關副業或志工來試試水溫，看自己能否用遠端技術一展長才。

這年頭，只要有心，任誰都能當志工。先去當個遠端志工，試試自己的會議主持能力、統整企劃書的能力與業務能力能否派上用場。如果行得通，下次就能考慮著手遠端業務了。

雖然日本經濟團體聯合會[1]以「不建議」為由試著最後掙扎[2]，但日本的風氣也逐漸趨向認同副業了。說起副業，以前都是在家做家庭代工，這陣子人們開始在雅虎拍賣賣東西；不過，除了手工製作、販賣商品，照現在的時代趨勢，連自己的專長都能拿出來販賣。

不僅如此，你也能**將自己的專長劃分得更詳細，以最值錢的部分換取酬勞**。

在公司，大部分的時間都用來溝通與請示主管，無法特定加強自己擅長的精細作業（如製作簡單易懂的圖表、想文案、做會議紀錄），但若是做副業或志工，就能專門提供特定技能。畢竟這些你已經會了，不是學習什麼新專長，所以也不必付出成本。

#副業
#詳細劃分自己的專長
#寧為雞首，不為牛後

待在公司無法看見自己的市場價值，出去體驗看看就知道了。自己的所有專長之中，究竟哪些在外面行得通、哪些行不通？了解這一點，你就能主動拒絕低薪的案子，也能客觀說明為何自己值得這個價碼。

我做副業跟志工，是為了**找到讓自己成為英雄的地方**。一旦嘗過「在自己派得上用場的地方貢獻專長」的滋味，就再也回不去了。或許，這將成為你的畢生職志喔。

1 由日本企業組成的業界團體，在日本產業界具有莫大影響力。

2 原本日本企業禁止員工兼職、從事副業，二〇一八年，政府也考慮放寬規定，但日本經濟團體聯合會表示「不建議」的反對立場。

24 想了解自己的專長有多少價值嗎？去做志工吧！

這年頭盛行做志工，因為有助於了解自己在公司外面的價值。現在我個人也以本業的專長在公益活動擔任志工，以回饋社會。

參加公益活動，會讓你發現「原來我的專長，能用在這種地方啊」。所以，就算不試著轉職，也能參加公司外面的專案型志工社群，展現自己的價值。

在本業之外，我也擔任了好幾個專案的志工，其中能公開的最佳「公益」案例，就是TED。TED的宗旨是「透過演講，將有價值的點子推廣到全世界」，大家有沒有看過TED的影片呢？

透過TED的東京在地社群「TEDxTokyo」，我參與了TED。二〇一一年發生東日本大地震時，由於核災的影響，外國工作人員紛紛回國，剛好朋友找我幫忙，所以我就從那

做公益
TED
做不起眼的事情才亮眼

時起協助幕後工作。

各位在TED官網也能找到TEDx的演講影片。例如賽門．西奈克（Simon Sinek）的黃金圈法則（Golden Circle，亦即由「為什麼」、「怎麼做」、「做什麼」組成的三層同心圓），當時收錄在僅有一百人左右參加的TEDx中，由於實在太有趣，現在點閱率已超越三千七百萬次（搜索「賽門．西奈克」，馬上就能找到翻譯版本）。

我所做的事情，就是篩選參加者，意即：「TEDx需要哪些人參加？」還有招募贊助夥伴，也就是贊助商。我能負責這兩個部分，是因為我專門從事業務開發，本來就認識很多業界人士，擅長解釋產業的未來性與優點，能找來許多合作、出資與協助的夥伴。

由於所有人都是志工，由每個志工自己分頭進行，因此必須分派工作。運作方式是這樣的：各位來幫忙的專家們，誰擅長哪個部分，就自告奮勇舉手，然後再分配任務。

例如Evernote Japan的行銷主管上野美香小姐，就在TEDxTokyo會場以公關窗口的身分接受採訪；在WIRED與CNET寫報導的自由記者野野下裕子小姐，則是媒體公關主任；負責拍攝臺上演講者的人也是專業攝影師……等等。TEDxTokyo，就是由世界上的各領域專家組合而成。

至於我，剛好擅長為人與人之間搭起橋梁，也擅長業務開發，適合擔任活動運作的幕後人員。**無論是什麼人，都能找到適合自己一展長才的地方**。

像是工程師，不妨自告奮勇，協助外部研討會運作。用心多找找，讓你派上用場的地方多得是，參加賑災重建專案小組也是一個方法。別猶豫，馬上動身直奔現場，或許幕後有些厲害的合作夥伴，能幫助你成長喔。

公益活動有趣的地方，在於**能近距離觀察新奇的做法，或是學習外面看不到的各企業哲學與獨門訣竅**。「咦？原來還有這種做法！」發現新知，就是一項寶貴的經驗。各位能透過這樣的過程重新調整自己的做法，進而改善公司體質。

這種刺激感，在公司裡絕對體驗不到，請各位務必在外面多方嘗試。

做公益
TED
做不起眼的事情才亮眼

25 如何在外部認識高手，得到肯定？

在活動或專案幕後默默努力的工作人員，經常得不到鎂光燈的青睞；但是一個成功的活動或專案，是由幕後的各路高手推動而成的。尤其有些真的是「高手中的高手」，能認識這些人，也是參加外部專案的樂趣之一。

年輕人或許會妄自菲薄，認為自己沒專長也沒經驗，根本派不上用場，但事實恰好相反。**正因為沒專長也沒經驗，才能直奔現場向高手看齊，實地學習**。

不要為了一點挫折而氣餒，只要持續用心，一定會有人看見你的努力。「只有那傢伙會幫忙處理別人都不想管的垃圾。」一旦哪個高手願意替你美言幾句，你的評價就會水漲船高。因為，大家都認為：「那個人講的話，一定沒有錯。」

就我所知，TEDx的鈴木祐介先生，就是這樣一路走過來的。

TED本身是獨立法人（LLC：有限責任法人），換句話說，它並不是非營利組織。

TEDx是從TED衍生出來的社群，舉辦了非常多學術研討會，如東京版TEDx、京都版TEDx、札幌版TEDx或是東大版TEDx。TEDx的營運只仰賴志工，由各縣市的主辦人召集志工，用非營利的方式舉辦活動。

鈴木先生現在是統籌一切的日本TEDx董事會成員，努力想讓TEDx變得更好，而他最初只是門房（Bellboy）。鎂光燈下的舞臺固然華麗，但他這個門房連舞臺都看不到，只能在最低調的幕後認真工作。

久而久之，有些人稱讚他：「那個人好親切喔。」或是在問卷上寫道：「多虧鈴木先生，讓我能侃侃而談。」每個人都知道他多麼努力。後來，大家也願意多多給他機會（「好，下次你來管理志工吧。」「下次你來做整體規畫吧。」），如今他已是TEDx的日本代表，負責聯繫TED總部及各國的TEDx成員。簡單來說，鈴木先生**親自直奔現場，抓住了機會**。

不只是TED，一旦活動有了名氣，專案規模變大，就會吸引許多人來當志工。我當然希望各位對此多多嘗試，但不諱言地說，確實有些人只是想認識名人，或是想藉此讓履歷表好看一點，說白了就是「來玩的」。難得有機會能近距離學習高手的做事方法、表現自己，卻不好好利用，實在很可惜。

文化背景不同的人們齊聚一堂，有志一同地貢獻自己、互相扶持，一同朝著目標前進。這是為了他人而付出，但同時也能促使自己成長。這就是我說的**「利人利己」**。

為他人奉獻，卻又不必「燃燒自己照亮別人」；他人的成長，也能帶給自己勇氣與活力。最重要的是，能跟平常難以認識的「高手」們組成同一支隊伍，朝著同樣的目標奮鬥，帶給自己成長。因此，我才會說是「利人利己」。

每個人都能貢獻一己之力。只要用心付出，一定會有人看見。有些事情自己說出來就像吹噓，但若是藉由他人的嘴巴說出來，就會大大增加可信度（「多虧他的努力，才有這種成果。」）

這年頭，對任何人的評論，都能在社群媒體輕易找到，只要默默付出，總有一天會有人讚美你。隨著網路愈來愈發達，每個人對你的評價都會在網路上累積，成為你的聲譽。

26

轉職不只是「目的」，也能是一種「手段」

一般人進公司有兩個主要原因，其一是**「把轉職（就業）當成目的」**，其二是**「把轉職（就業）當成手段」**。簡單來說，前者的目的是進公司工作，後者的目的是磨練自己的技能或專長，進公司工作只是（一時的）手段。

我進入Google是為了學英文。換句話說，我明明不擅長英文，卻特意踏入需要用英文的職場，以得到邁向全球市場的門票。這就是我選擇Google的原因。

當時，由於二〇〇八年雷曼兄弟破產，導致日本經濟受到重大打擊，中國、新加坡等亞洲各國的實力一夕增強，外國投資者對日本視而不見，「排日風潮」逐漸成形。如果再固守日本國內，就無法體驗世界上各種新奇有趣的事情了。因此，我故意踏入不得不使用英文的職場，藉此磨練自己的能力。

把轉職當成目的＆把轉職當成手段
為美國而教
在醜聞爆發隔天入職

幸好我夠幸運，Google的人多半不了解手機產業（而日本的手機產業正如日中天），所以我能用自己的手機產業相關經驗，來彌補英語能力的不足。

我個人認為，表面上說「想在這家公司做某件事」的人，多半都是「把轉職（就業）當成目的」，這件事無可厚非。不過，**「想在這家公司學會一技之長、吸收知識，並擴充人脈、提升頭銜」（意即把轉職當成手段）**，這種私人動機，我覺得也很好。

我經常告訴學生，美國大學應屆畢業生的前十名志願，有一家是非營利組織，名為「為美國而教」（TFA, Teach For America）。

美國國內的教育沙漠（貧民窟）有許多不會說英語的人，TFA將一流大學畢業生發派到這些地區，讓他們擔任公立學校的老師，然後用兩年的時間營造英語教學環境，提升孩子的知識水準。有了這些經驗，無論到哪個地方都受用無窮，還怕找不到下一份工作嗎？

十年前，大家都說進麥肯錫就等於拿到菁英證明，無論去哪都吃得開，而現在TFA也有同樣的地位。

從TFA磨練過來的人，肯定擁有永不放棄、貫徹始終的意志力（Grit），毅力非比尋常。他們不是只會出一張嘴的菁英，而是擁有街頭智慧，會視情況改變做法。兩年來的經歷，證明了他們具有以上實力。因此，一流學生對TFA趨之若鶩，在TFA工作，只是一種手段。

還有一個例子，我也經常掛在嘴上。有一家公司被醜聞重創，公司內部百廢待舉，而醜聞爆出來的隔天，我朋友就進了那家公司。

他想成為財務專家，而處理過多少麻煩，就代表這位財務專家有多少實力，所以他才特地接下燙手山芋。在爆發醜聞後入職，不僅能證明自身清廉，更因為公司一團混亂，流失大批優秀人才，菜鳥也能被委以重任。他抓住機會努力奮鬥，如今已是協助企業東山再起的專家、出色的企業重整經理人（Turnaround Manager），年薪輕鬆超越五千萬日圓。

這個故事的重點，在於「當他在醜聞爆發隔天入職」時，就建立了個人品牌。將轉職當成一種手段，不要只選「現在大賺的公司」，也要將「現在陷入困境的公司」納入選項。

如果你是學生，建議你在挑選打工或實習地點時，直奔自己絕對不碰的產業或職業。學生時代的我，只是為了想見識麥當勞的SOP，就跑去麥當勞打工。此外，想到出社會後就無法去災區幫忙，我還去賑災現場住一個月，擔任日雇勞動者。選擇這些工

把轉職當成目的&把轉職當成手段
為美國而教
在醜聞爆發隔天入職

作，是為了趁著學生時期多增加經驗，否則以後就沒機會了。假設去豐田汽車上班，而又認為車子日後將成為未來的生命線（Life Line），那麼比起「滿腦子都是車的愛車人」，有過賑災或長照經驗的人，或許在工作上更得心應手。

這是個允許東山再起的時代，因此轉職的門檻也下降了。與其針對某件事埋頭鑽研，不如嘗試各種方式，再選出最佳解，才是最有效率的做法——這點也適用於選工作。因此，思考自己的職涯規畫時，請各位務必試著「把轉職（就業）當成手段」。

27 異動&轉職時，別忘了換換「業界」或「職務」

在公司內部人事異動或轉職到別家公司時，與其異動、轉職到同樣的「業界」或「職務」（假設異動的部門是業務部），不如轉到同樣業界的不同職務，或是不同業界的同樣職務，才能加速自己成長。

比如在建築產業做業務工作的人，一定很難突然轉到醫療產業的技術工作，但很容易轉到醫療產業的業務工作。工程師或業務、人事（HR）、公關（PR）、會計，維持同樣的職務，只是轉換業界，就能**運用自己的專長換來成果，又能吸收新業界的知識**。

此外，在同樣的建築產業之中，也能從業務工作轉職到企劃工作。在同樣的業界轉換職務，就能**運用自己的業界知識換來成果，又能學會新的專長**。

最理想的情況，就是不斷重複以上兩種轉職方式，增加自己的知識與技能。例如，先從建築產業的業務工作轉職到醫療產業的業務工作（職務不變），再從醫療產業的業務工

異動&轉職
控制期望值

作轉職到醫療產業的企劃工作（業界不變），接著再從醫療產業的企劃工作，轉職到科技產業的企劃工作（職務不變）……。

只要每隔幾年像這樣以Z字型的方式異動、轉職，比起待在同樣的職場，更能大幅增強知識與技能，同時擴展就業領域。

此時，我希望大家注意一點：所謂工作，不是做完自己的事情就好，必須有老闆雇用你、有客戶買你的商品才行。讓那些人覺得選了你真是物超所值，下次他們才會再選你。萬一他們覺得你辦得到，哪怕成果距離他們的期待只少了1％，對方也不會滿意。

請參考本書第一章介紹過的工作法則，尤其是「控制期望值」（五十九頁），將幫助各位在新職務或新業界得到好評、委以重任。

28 別忘了在大公司跟小公司都做做看，多學習經驗

上一篇，我們談到交互更換業界與職務，能使你在下一份工作大幅成長；在這一篇，我要告訴各位：不妨試試在大公司（業界龍頭）跟小公司、創投企業之間交互轉換。**所謂頭銜或職位，一旦往上升，就不大會往下降**，各位不妨利用這一點。

起初，先去比較大的公司擴展人脈，若能加入金額尚可的專案，再帶著執行專案的經驗轉職到小公司，頭銜多半都能晉級。在小公司，你可以做一些大公司不好做的新嘗試，做出口碑，然後再以同樣的頭銜轉職到大公司。接著，再利用大公司的招牌累積「只有在大公司才學得到的經驗」，帶著這份經驗轉職到小公司，頭銜就會再往上升。若是創投企業，說不定你能當上董事喔。

#轉職法則
#為「專案」工作

所謂的轉職，若是你不打算在新公司做到老、做到死，那麼新公司也不過是通往下一家公司的踏板罷了。只要能聰明選擇下一份工作，就能為你提升等級。這種思維，就是「把轉職當成手段」（一一七頁）。你不需要創業，只要不斷地聰明轉職，爬到一人之下、萬人之上的地位，便再也不是空想。

有些人認為「一年換二十四個老闆」很不好，但像是加入人才流動率高的創投企業，或是去公益組織當志工，**與其說是為公司工作，倒不如說是為「專案」工作**。在那裡並非要做到老死，而是參加有興趣的專案，提供自己的專長與知識，等到專案結束，就能帶著新的技能與經驗，跳到下一項專案。

假設今天有個關於區塊鏈或IoT（物聯網）技術的新專案，因為我有能力跟國外的人交涉，於是我為專案團隊貢獻自己的外語溝通能力，在團隊學習新的科技知識，再將之運用在下一份工作之中。

選工作時，一個考慮如何以自身專長在新專案迸出火花的人，跟只在意公司薪水、工作地點與辦公室環境的人，會找到完全不一樣的公司。尤其現在求職網站跟志工招募網站如此發達，對方需要什麼專長、你能在那裡得到什麼，全都在網站上寫得一清二楚，很容易就能以專案選擇公司，或是以專案選擇志工團體。

說得更明白點，就算最初只是在朋友的公司幫忙也沒關係。事實上，很多組織剛起步時都是由一群志同道合的朋友集結而成。因此，就算沒辦法很快轉職也沒關係，不妨先把自己當成志工，去幫忙看看，久而久之就會愈來愈有做生意的樣子，若你覺得「這個有搞頭」，就能正式加入團隊。

選工作的重點，應該是你能在那裡得到什麼，又能藉此成長多少。與其在意眼前的薪水，不如想想你希望加強哪方面專長，然後再去選公司；將賭注押在成長幅度大的環境，到頭來你的薪水還是會上漲，而且也能擴展就業領域。

此時，奉勸你拋開「我要在下一家公司做到老」的想法，才能將轉職的掌控權握在手中，專心思考哪家公司才能使你成長。不要想著「在公司待到老」，而是想著「暫時待在專案團隊中」，就不會過度鑽牛角尖，害怕「選錯就完了」，才能更輕鬆地帶著明確目標找工作。

這年頭，在同一家公司做一輩子的人已經很少了。反正都要換公司，與其等著被裁員，不如主動選擇工作，讓自己有所成長。

29 辭職後別吝於對前東家付出

這回我要告訴大家，辭職後應該跟前東家維持何種關係。

我曾兩度轉職到瑞可利，接著又兩度離職。換句話說就是回鍋，至於為什麼我能回鍋？因為我離職後並沒有跟前東家斷絕往來，而是保持聯繫（當然也跟瑞可利歡迎離職員工回鍋有關）。

我離職後，也三不五時回前東家探班，跟同事閒話家常。「現在在幹嘛？」「說到這個，我有個好人才可以介紹給你喔！」「這好有趣喔！我最近也在做這個，我們真是英雄所見略同啊。」**離職後別忘了持續分享資訊，這麼做不僅對對方有幫助，到頭來自己也能獲益**。

這就是我在前面說過的「利人利己」（一一六頁）。前東家的人畢竟都是共事過的夥伴，聊起話來不僅能一針見血，若你提出不同的做法，也很有可能受到採納。經常帶著有用的資訊來分享交流，別人就會認為你「離職後還願意這麼做，真是有心」，「那個人果然有用處」。累積愈多好評，就能一傳十、十傳百，為你創造好口碑。

即使前東家不是瑞可利或麥肯錫這種老員工人脈穩固的公司，辭職後也別忘了繼續維繫人際關係。如果跟公司不歡而散，難保前東家不會到處說你壞話。

不僅如此，這年頭每個人的風評在社群媒體上都找得到，個人評價會在網路上逐漸累積，因此更需要與前東家維持好關係。假如你在網路上被貼了「工作能力差」、「不守約定」、「說謊大王」的標籤，要撕下來可就不容易了。

這點對企業而言也一樣，只要在網路上一搜尋，公司的風評一目了然。

很多公司認為「辭職的員工就是潑出去的水」，我覺得實在很可惜。

回鍋員工不僅了解自家公司的做法，而且還學會了其他公司的做法與知識，簡直比現成的戰力還好用啊。離職後特地回鍋，證明他很喜歡這家公司，而且很有可能運用在外學到的新做法提升公司效率，沒理由不好好利用吧。

還有，若能讓外界認為「這家公司會善待回鍋員工」，也會讓求職者更樂於前來應徵喔。

#辭職後別吝於對前東家付出
#利人利己

30 讓公司認為你是個值得投資的人才

近幾年日本的人口日益減少，導致人手不足的問題愈來愈嚴重。此外，逐年劣化、喪失競爭力的大公司，也希望發起內部革新，於是掀起一波吸納轉職創意人才的風潮。

身為受薪階級，轉職門檻降低當然是好事一樁，對企業而言則是半喜半憂。該如何做才能長久留住優秀人才，是這年代非常重要的企業課題。

因此，現在日本企業的員工培訓市場，可說是水漲船高。

為了留住優秀的人才，公司必須花錢幫助員工培訓、進修，協助員工自我成長。此外，若要內部改革，不能光是等待外來的戰力，自家員工必須一起改變才行。

而公司的員工，也應該好好把握這個機會。如果公司認為你「值得信任」、「值得投資」，自然願意投資在你身上，期待你成長。探索自己的職涯規畫時，別忘了，**「如果公**

司願意花錢栽培你，留在公司有何不可？」

為此，請務必讓公司好好認識你這個人。我不認為公司會把錢花在一個「看不出跟其他員工有何不同的人」身上。反之，如果你夠特別，讓其他部門指定要你，公司絕對不會錯失這樣的人才。

拋開頭銜，在公司內部打響自己的名號，我想公司一定願意投資在你身上，期待你的成長。

說起來，為什麼我對培訓跟進修如此了解？因為公司認為「送我去參加進修，就能留下簡單好用的會議紀錄」，於是我參加了各式各樣的進修。

只要看了我的會議紀錄，公司就能了解研討會的重點，有助於判斷將來要增加哪一場的人數、哪一場不必再辦。換句話說，會議紀錄就是檢視外部研討會是否有用的試金石。這對公司的好處相當明顯，所以公司才會投資我這個人，給予我磨練能力的機會。

不只是會議紀錄，只要你能讓公司認為「投資這個人就對了」、「他的成長對公司有益」，就能大大提升公司花錢幫助你成長的意願。

在外磨練技能固然是方法之一，留下來讓公司花錢助你成長，也是不錯的手段。打響個人名號、成為值得公司投資的人，這種方法也適用於約聘員工或打工族。

湯姆・彼得斯的[1]《耶！打響自己50招》雖然有點舊了，但這本書記載了許多值得上班族參考的訣竅。

1 Tom Peters，美國著名管理學家、商管暢銷書作家，曾任麥肯錫公司顧問。

31 「藍海策略」的重要性

大家都叫我「業界的屯田兵」[1]。為什麼呢？因為我最喜歡闖進鮮少人踏入的未開發領域，搶先體驗當中的樂趣，然後再「好康道相報」。等到別人興致勃勃地加入，我就覺得「膩了」，轉而邁向另一塊未開發土地。這是我一路以來的原則。

為什麼我要選擇這種跟屯田兵沒兩樣的生活方式呢？因為我深深了解「藍海策略」的重要性。

如何營造自己的強項，促進自我成長？最簡單的方法，就是找出你的藍海。

就拿ＡＩ（人工智慧）跟ＶＲ（虛擬實境）來說吧，這兩項研究從很早之前就開始進行，但現在才真的進入商業領域。若趁此時投入這塊領域，四周淨是些略懂皮毛的人，自然容易拔得頭籌。找出藍海，投入其中，是職涯規畫數一數二的大事。

藍海策略
i-mode

已經發展幾十年的產業，多的是二、三十年資歷的高手，如果想得到那些人的肯定、成為該領域的專家，說不定得花費十年以上。反之，在藍海，大家的起跑點都一樣，只要花上一、兩年努力奮鬥，你就能成為該領域的專家，在業界建立一定的地位。

人類的成長取決於「刺激×迴響」，這是我的人生重要方程式之一。在同樣的環境中不斷嘗試，自己分析改良，再藉由他人的迴響獲得成長，當然也是一種方式；但果決地投入新環境，接受刺激，也能獲得大幅成長。而最簡單快速的方式，就是投入前景大好的「藍海」。

例如現在手機業界的頂尖人物，多半是從產業初期一路往上爬。微軟的比爾·蓋茲、蘋果公司的賈伯斯，都是電腦黎明期的元老。

「i-mode」，就是我的「藍海」。i-mode是NTT DOCOMO的手機網路服務，在智慧型手機問世前，它是手機網路服務的先鋒。

當時還是「1封包＝128 Bytes」以量計價的年代，記憶體也只有2 KB（1 KB為1 MB的千分之一），程式語言亦只有簡單的HTML，手機能做的事情非常有限，只能傳輸純文字檔案跟低畫質的小圖檔，還有單純的電子音效。反過來說，從控制協定（Control

Protocol）到作業系統（ＯＳ）、ＨＴＭＬ程式語言到伺服器設定，我全部都能參與。這些都是小事，所以只要有心，一個人包辦也不是問題。

然而，如果現在一個剛進入手機業界的人要我「做新的網路服務」，我會反問：「做哪一部分？」這年頭的軟體跟硬體都複雜不少，實在無法一人包辦。必須將工作劃分得更細，各自分工才行。

我常常用氣球來比喻「藍海」有多麼重要。當產業規模尚小或技術剛萌芽時，氣球的尺寸還很小，所以可以繞氣球一圈。相關人士全都在你看得見的範圍內，大家也可以成為共同為產業努力的好夥伴，三百六十五度全無死角，誰在做什麼，你多半心裡有底。

但是當產業逐漸發達，氣球愈來愈膨脹，你看不見誰在氣球背後做什麼事，若想了解全貌，繞氣球一圈，恐怕得花上一年的時間。

在萌芽期就加入產業的人，無論氣球膨脹到什麼地步，無論哪裡發生什麼事情，他們多半瞭若指掌，就這樣一路往上爬。而能達到這種成果的人，就只有元老。因此，比爾・蓋茲跟賈伯斯的地位才會如此穩固。

或許有些人會說：「他們只是剛好矇到電腦的『藍海』而已啊。」現在，如果你肯投入ＡＩ或ＶＲ的世界，或許你也能「剛好矇到」藍海，獲得大幅成長喔。

光是加入一場規則不同的遊戲，就能促使你成長。新鮮人選公司或是上班族轉職時，先看看對方是歷史悠久的傳統產業？還是正值巔峰期的企業？或是前景大有可為的公司？不同的公司，促使你成長的速度也各不相同。

與其加入在社會上呼風喚雨的公司，不如環顧四周，選擇那些剛起步的公司，或許你能得到更多回報喔。

1 明治時期，有一群人在北海道組成民兵團，負責保衛疆土、開拓日本北方疆域。

32 如何找出自己的「藍海」？

那麼，究竟該如何尋找「藍海」呢？

半年後會流行什麼固然很難預測，但五年後、十年後的潮流趨勢，卻是能猜出端倪的。

例如創立美國麻省理工學院媒體實驗室的尼古拉斯·尼葛洛龐帝（Nicholas Negroponte），曾在一九九五年出版的《數位革命》（*Being Digital*）一書中強調「從原子世界蛻變至位元世界」，如果各種產品都數位化，將會產生什麼樣的未來；當時提到的寬頻網路，以及「互動世界、資訊世界、娛樂世界將合而為一」的論點，在二十年後的今天看來，可謂一語中的。

講一個更好懂的例子，《哆啦A夢》當中出現的道具，有好幾項已經實現了。換句話說，關於未來的預測，其實都在人類的想像範圍內。簡單來說，所謂的革新，其實或許只

#藍海
#大趨勢
#技術成熟度曲線

是「技術終於追上人類的想像力」而已。

賈伯斯的iPhone重新定義了手機，這固然很了不起，但即使蘋果公司沒有生產iPhone，在不遠的未來，肯定也會有別的智慧型手機問世。「行動裝置上網」持續發展下去，為了讓畫面稍微大一點，必然會捨棄按鍵而改用觸控操作。而在智慧型手機問世前，日本手機也早就有電子錢包功能。既然能用智慧型手機進行金錢交易，未來手機加入指紋認證、臉部認證、聲紋認證等身分識別功能，也只是時間的問題而已。

這麼一想，只要觀察科技動向，多半就能猜測幾年後會發生什麼事情。

為此，我每年都會閱讀PwC[1]、KPMG[2]、以及日本的野村總研[3]所發表的大趨勢資料，一邊巡迴世界，一邊仔細觀察現況。高德納諮詢公司[4]所製作的「技術成熟度曲線」（The Hype Cycle），也是不可或缺的資料。

閱讀預測未來的資料時有個重點，當你閱讀最新版時，別忘了同時檢視一年前跟三年前的資料。接著，寫出哪些部分猜中了，哪些部分沒有猜中。如此一來，你就能看出哪部分陷入瓶頸期，導致無法實現。問題是在於技術嗎？還是法規問題？或是因為國情不同？抑或因為無法突破使用者的心理障礙？

尖端科技的技術成熟度曲線（2017年）

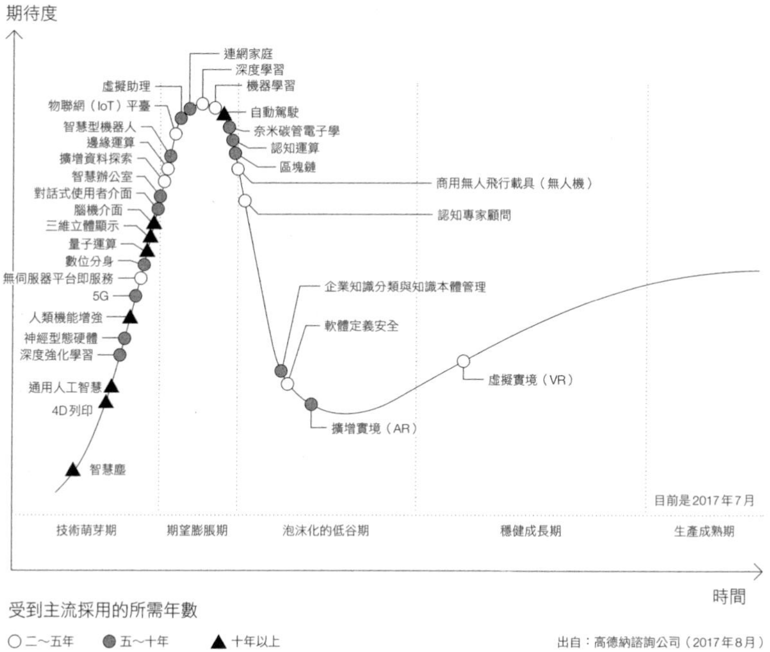

出自：高德納諮詢公司（2017年8月）

我們可以透過技術成熟度曲線的圖表，來看出技術發展與科技產品的成熟度及採用率。
高德納諮詢公司將新科技分成五個階段，分別為「技術萌芽期」、「期望膨脹期」、「泡沫化的低谷期」、「穩健成長期」及「生產成熟期」。
此外，原文The Hype Cycle的「Hype」，指的是「炒作」。

藍海
大趨勢
技術成熟度曲線

隨著經驗累積，美國能在兩年後實現世上對未來的各種預測，而日本大概要花上五、六年，才能靠自己追上來。

照這樣想，這領域大概在三年後就會掀起潮流，五年後在全球普及，各位不妨逆向推算，想想自己該做些什麼。就算我是業界的屯田兵，也不會跟無頭蒼蠅一樣到處亂飛，而是看著五年後、十年後的未來，選擇當下該注重的技能與該去的地方。

例如，在網路世界率先普及的機率論最佳解研究法，現在也滲透到其他產業，假若運用於生物科技，就能隨機找出腸道細菌的最佳組合；如果共享經濟[5]更加發達，各種商品與服務都會拆解開來流通販售，汽車產業一一細分，然後再重組，提供機動性的服務……若能學會估算時間，就知道現在的自己該往哪裡去了。

1 普華永道，PwC 簡寫自 PricewaterhouseCoopers，四大國際會計師事務所之一，其他三大事務所為畢馬威、德勤跟安永。

2 畢馬威，KPMG 簡寫自 Klynveld Peat Marwick Goerdeler，四大國際會計師事務所之一。

3 NRI，諮詢顧問公司。

4 Gartner，從事資訊科技研究與顧問的美國公司。

5 Sharing economy，一種共用人力與資源的社會運作模式，如公共自行車、交換住宿等。

33 公司內部也有「藍海」

若問我是否得先換工作，才能找到「藍海」，我的答案是：不一定。如果你的公司是傳統產業的老公司，**有很大的機率，你能在公司內找到「藍海」**。

現在擔任多玩國[1]董事的栗田穰崇先生，他在進入NTT DOCOMO第二年時，自告奮勇參加了NTT DOCOMO首次的內部招募制專案——開發i-mode。

在部長榎啟一麾下，專案團隊成員有來自瑞可利的松永真理小姐、夏野剛先生，當年在團隊中最年輕的栗田先生，立下非常大的功勞。他將呼叫器時代的心型符號置入i-mode，開發了目前仍廣受喜愛的「表情符號」。

之後，他認識了多玩國的川上量生先生與BANDAI NETWORKS[2]的高橋豐志先生，在科技業界嶄露頭角。此外，在二〇一六年，栗田先生所開發的表情符號，甚至還變成紐

#藍海
#別錯過公司內部的機會

約現代藝術博物館（MoMA）的永久收藏品。

年輕人在什麼都不懂的情況下投入新領域，認識高手、得到建議而成長，因而得到下一份工作——這樣的事情，並不只發生在栗田先生身上。如果你的公司不是創投公司，千萬不要認為「反正公司找不到藍海」而放棄，不妨再檢視一次自家公司吧。

全球最大汽車零件供應商勞勃・博世公司（Robert Bosch GmbH）宣告「要在二〇二〇年之前將所有產品都連上網路」，這就是現在的時代趨勢。就算是老廠商，也能從現在起組織開發ＡＩ技術的團隊，或是在公司內部發起物聯網相關的專案。

若是遇到這類機會，趕緊毛遂自薦吧！畢竟專案才剛起步，人才流動性高，公司內外的交流機會也很多。多多擴展人脈，納入自己的資本吧。

1　ドワンゴ，日本的資訊科技企業，NICONICO動畫的母公司。
2　日本的BANDAI NAMCO集團旗下的電子通訊公司。

34 「畢生志業」與「餬口事業」的鐘擺意識

在此之前，本書所提到的「工作」，並沒有特別分類。但是提到工作，其實也分成「糊口的工作」與「有意義的工作」，兩者的動機不同，所得到的充實感與收入也不同。

我的上一本著作《動機革命》（幻冬舍出版）說過，重點不在於將工作與私人生活切割開來（俗稱「工作與生活平衡」〔Work Life balance〕），而是**如何在人生中增加「畢生志業」（有意義的工作）的比重，也就是「畢生志業平衡」（Life Work balance）**。

如果光靠著「畢生志業」（Life Work）沒辦法餬口，那麼該將幾成的時間分配給「餬口事業」[1]、幾成時間分配給「畢生志業」（有意義的工作）？對時間進行投資組合管理，是非常重要的。

思考轉職或職涯的時候，必須先將賺錢的「餬口事業」跟賭上人生的「畢生志業」明確區隔開來，以下有幾個選擇：

- 若想追求人生意義，專心投入「畢生志業」，必須維持經濟穩定，因此最初先用「餬口事業」支撐生活，再逐漸增加「畢生志業」的比例。
- 若將「畢生志業」當作本業，收入勢必不夠，因此由「餬口事業」填補。
- 用「餬口事業」當作本業，再以副業或當志工的方式實現「畢生志業」。

賭上人生的「畢生志業」，由於工作本身具有意義，因此生產效能不高，難度也不低。

如果「畢生志業」比重過高，收入就會減少，不如分配兩成給「餬口事業」；或是如果你覺得目前賺錢最重要，就分配八成給「餬口事業」，「畢生志業」酌量即可；**各位不妨每年都調整一下「畢生志業」與「餬口事業」的比重**。

沒有人說「一旦決定比重，就再也不能調整」，所以大可視情況酌量調整，像鐘擺一樣臨機應變。

累積足夠經驗後，終於能拉高「畢生志業」的比例了；此時不妨組織團隊，將「餬口事業」交給年輕人做，然後自己再打造一個門檻更高的「畢生志業」。這年頭不必開公司，就能透過網路組織好幾個創投團隊，或許這種方法，能招來更多的各路好手。

能賺錢的工作、擅長的工作跟喜歡的工作，三種是截然不同的。所以，最初還是先從「餬口事業」起步，然後再慢慢增加「喜歡的工作」比例吧。

喜歡的工作做久了，就會變成擅長的工作，久而久之，你就能靠喜歡而擅長的工作賺錢了。總有一天，你終將百分百實現有意義的「畢生志業」。

1　Rice Work，和製英語，指用來餬口的工作。

專欄

人人都能受用的英語學習方式

很多人認為，若要到哪都吃得開、跟誰都合得來，英文能力不可或缺。可是，經常從新加坡、峇里島跟東京飛往世界各地的我，感覺卻大不相同。說起英文，其實分成「英文生活會話」跟「商用英文」，而「英文生活會話」已經不需要了。

例如在旅行中或日常生活中，如果你只是想說「我想要那個」、「我想選這個」，用Google翻譯就夠了。

我經常去烏克蘭這類多數人不會說英文的國家，我都是用智慧型手機打開Google翻譯，用它來即時翻譯日文、英文或當地語言，與當地人溝通。

去上海時，路上的人也幾乎不會說英文，或許大家以為中國的菁英階級會說英文，但直到現在，我入住中國的三星飯店時，一旦對他們稍微講點英文，對方就會露出退避三舍的表情。跟日本差不多嘛（笑）。

可是，只要打開Google翻譯APP，點下麥克風圖示、開啓對話翻譯模式，我所說的日文就會自動翻譯成其他語言，不管是英文或中文都行。我可以讓對方看翻譯後的句子，也能讓他們聽翻譯語音。如果句子很短，翻譯時間就不會太長，不必擔心對話中斷。

擔心看不懂餐廳的菜單？交給Google翻譯就對了。點一下相機圖示，打開即時鏡頭翻譯模式，然後將鏡頭對準菜單文字，就會用日文覆蓋上頭的英文（或當地語言）。當然譯文稱不上完美，但多半看得出那是什麼料理。

二〇一七年，Google所發表的藍芽耳機「Pixel Buds」，在當時蔚為話題，因為哆啦A夢的翻譯蒟蒻終於實現了！對方說的話會自動翻譯成你的語言，傳到你的耳機；而你說的話則會自動翻譯成對方的語言，傳到對方的耳機，簡直媲美同步口譯。

換句話說，如果只是一點小請求、一句疑問句，用智慧型手機就夠了。科技已經追上我們的腳步，只是我們還沒有發現。所以，能用盡量用吧！

事實上，日本某個地方有個房東將自家登上Airbnb，廣受外國觀光客熱烈歡迎，而她，其實是個英文、中文跟韓文都一竅不通的大媽，她將對話全部交給

英文能力
用Google翻譯就夠了
逛市場學英文

Google翻譯解決。她的賣點就是讓房客體驗日本的普通生活，以及吃得到家常菜。房客們的評價，都是些各國語言版本的「日本媽媽，謝謝妳」。

只是，雖說不需要英文生活會話，但若要跟外國人共事，最好還是開口說英文（大家都懂吧）。若想提高英文能力，最好的方式就是在「市場」學習。

為了把自家商品（例如手錶）推銷出去，市場商家絕對會使出渾身解數。另一方面，其實我不打算在這種可疑的店買東西，但我想知道那究竟是什麼手錶。在這種情況下，店家肯定會拚命向我介紹手錶的功能。

我聽不懂對方說的話，所以我會問：「抱歉，請問你剛剛說的是什麼？」一來一往之下，我才知道原來「〇〇」是指手錶的「針」。

店家想把手錶賣出去，所以就算我的英文或中文很爛，他還是會努力地問我：「你說的是這個意思嗎？」

在市場裡，買家跟賣家都不想吃虧，所以會拚命與對方溝通，造就出最容易學習英文生活會話的環境。

若想再往上晉級，這次就換自己來當市場商家吧！

我剛才說過的Airbnb大媽，就是最好的例子。她只是過自己的生活，房客卻因此產生興趣，對很多事都感到好奇。因此，無論她的英文多麼拙劣，在比手畫腳的解釋過程中，對方自然會自行咀嚼、消化，然後用正確的英文複述一次，例如：「妳說的味噌湯，是指這種湯嗎？」「日本只用水煮海藻來做高湯？我從來沒看過這種事。」

換句話說，「逛市場學英文」的最強版本，就是自己當市場店家。若能抓住對方的喜好、引起對方的興趣，對方就會主動幫忙修正你的爛英文，然後你再將正確的英文記下來就好。

其實，我在Google就是這樣學英文的。我是Google團隊中唯一能用技術、策略與行銷三種層面來講解這些問題的人：「為什麼i-mode能在日本普及？」「非接觸式ＩＣ卡技術FeliCa，是如何打入市場的？」，所以同事自然會主動來找我。「教教我啦，尾原。」「尾原，聽說點陣圖表情符號是你打出來的？」

如此一來，無論我講出來的英文有多爛，對方都會幫我全部修正。如何營造這種環境，就看你的功夫了。

說起學英文，大家都只從表面著手，所以很多人會說：「想學英文就出國留

＃英文能力
＃用Google翻譯就夠了
＃逛市場學英文

學啊！」「線上英文對話很方便喔。」但上述方法並非絕對。

如果想學英文，大家應該逆向思考，想想該怎麼引發別人對你的好奇心。只要朝這方向努力，你就能把自己變成市場店家，吸引別人主動上門找你攀談。

英文能力
用Google翻譯就夠了
逛市場學英文

第三章

在AI時代殺出重圍的工作訣竅

在不久的未來，AI（人工智慧）跟機器人，應該能完成大部分的工作。至少，現在大家認為「枯燥乏味」的大部分工作，若交給機械來做，應該都能做得比人類更快、更好、更有效率。如果AI跟機器人取代人類執行這些工作，人類還能做些什麼呢？在那樣的時代，我們該如何比現在活得更像人、工作得更像人？

我歷經幾次網路創投經驗，更從內部比較過Google與樂天，於是靠自己找到了幾個方向。簡單一句話，我認為重點在於：從現在起，要更努力地自我覺察，思考「人類」這種生物。

在此，我將其中一部分歸納成未來的工作要訣，各位不妨視為一種對未來的預測。

35 我在樂天學會不輸給ＡＩ的工作訣竅

我從Google轉職到樂天時，很多人都感到不可思議，紛紛問我為什麼。我想，大概是因為我離開了位居就業排行榜榜首的科技業界龍頭吧。

我離開Google是有明確理由的。因為，我想思考「日本式」網路的可能性，而非Google或Amazon那類「美國式」網路；硬要說的話，我想思考人類的本質，這種本質不會因為ＡＩ進化而改變。

樂天所擅長的，並非Google或Amazon那類的「高效率」。Google這家公司是藉由科技將效率推展到最高點，而樂天旗下淨是些跟效率無緣的產品。

舉個簡單的例子，樂天販賣的是非生活必需品的消費性產品，如葡萄酒、樂器、高爾夫球桿。從數據來看，包含實體店面，日本市場的葡萄酒，五瓶當中就有一瓶是來自樂

#樂天
#貫徹喜好

天；樂器是七分之一，而高爾夫球桿則是十分之一。

消費性產品的多樣性，遠遠高於生活必需品。最典型的例子就是葡萄酒，像是智利葡萄酒，一瓶才五百日圓，口感與質感卻媲美高級餐廳的葡萄酒；而法國波爾多的五大法式城堡混釀酒，卻是一瓶一百萬日圓的天價。這些葡萄酒，你全都能在樂天買到。

為什麼差異這麼多的商品，都能在同一個購物中心買到呢？因為樂天有四萬位店長開設電子商店，**各自徹底經營自己最「喜好」的商品**。樂天不像百貨公司，你在這裡找不到「什麼都賣」的商店，因為這超出了一人店長的能力範圍。

這四萬家店會跟其他店互相比較、競爭。有些店主張「新大陸[1]的千圓以下優惠葡萄酒是我們的強項」，有些店則主打「廉價葡萄酒交給其他店，我們要靠破萬的超高級葡萄酒決勝負」。店家間彼此良性競爭，使得樂天電商平台擁有難以計數的商品。因此，葡萄酒愛好者都說：「想買各種葡萄酒，去樂天就對了！」

商品如此繁多，重視效率的Amazon是絕對辦不到的。此外，Amazon也不會像樂天店長一樣，告訴你什麼才是好的葡萄酒。簡單來說，在**（與效率無緣的）「過量」**與**「消費性產品」**世界裡，樂天是首屈一指的平臺。

當我還在Google任職時，當時的Google幹部（後來的雅虎公司CEO）梅麗莎・梅爾（Marissa Mayer）造訪日本，然後我帶她去逛樂天。

樂天的網路商店特色，就是一整排精心設計的縱向商品介紹頁面，我特地將它們印出來，像卷軸一樣秀給梅麗莎・梅爾看，她一看就說：「這就像在店裡隨意亂逛吧？」真是一針見血。換句話說，**不必任何事都像Google搜尋一樣又快又準，有時迷路反而是一種樂趣**。這就是「效率化」的逆向思考。

效率化，意味著排除人為要素。將複雜繁瑣的手續簡約成一套SOP，使得任何人來做都能得出同樣的結果，這就叫做效率化。既然已經事先設計好，日後寫成演算法，讓機械代勞也不是問題。以長遠的眼光來看，效率化的工作，將不再是人類專屬的工作。

反之，若能像樂天的店長一樣貫徹自己的「喜好」，不斷追求與他人不同的事物，就能營造「自己獨有的風格」。這才是你在AI時代該從事的工作。

1　日本葡萄酒界的新大陸，泛指非傳統葡萄酒製造國的其他國家，如美國、智利、巴西、加拿大、紐西蘭、日本、中國等等。

36 你的「喜好」有多少市場價值？

我並沒有否定效率化。

很多人認為，假如一味追求效率，一旦AI跟機器人搶走人類的工作，人性就失去價值了——但我覺得恰好相反。科技取代的是一些人類不做也沒差的例行工作，那些每天一成不變的「麻煩事」交給機械，多出來的時間就能用來鑽研自己喜歡或想做的事，打造你的個人風格，日後說不定能藉此開拓事業。

例如，當教育與科技結合，就迸出了教學影片網站「可汗學院」（Khan Academy）。創辦者薩爾曼．可汗（Salman Khan）在TED有一段演講，題目是〈影片能改變教育〉（Let's use video to reinvent education）。傳統的學校教學，都是學生默默聽老師講課，但若是教學影片，就能在家裡照自己的步調學。如果事先看影片預習，上課時全班就能一起討論，學生之間也能互相討教、解決問題。他說，這才是人性化的學習方式。

老師的職責，就是鼓勵不擅長讀書的孩子向別人請教，督促擅長讀書的孩子幫助其他同學，當討論方向走偏時，就把話題拉回來。換句話說，唯有人類教師，才能給予學生勇氣、教導大家相親相愛，當學生的好榜樣。

反過來說，其他部分若能交由科技代勞，就能減輕教師負擔，讓教師多撥出一點時間給每個學生。這才是「人性化教育」的本質。

反覆做同一件事、在同一個地方久坐、一個口令一個動作——人類本來就不擅長，也不喜歡做這些事情。如果能做自己喜歡、想做而擅長的事情（工作），不僅做起來比較輕鬆，也才能顯示出自己的獨特之處。將自己與眾不同的「喜好」發揚光大，就能打造每個人的自我風格，使世界更加多采多姿。

如此看來，樂天店長這類的工作，應該會存續到最後吧。「我很喜歡這東西，希望推薦給更多人，所以我寫了商品文案，然後就變成跟卷軸沒兩樣的網頁了！」上述的熱情，是任何機械都無法取代的。

應該說，一旦ＡＩ或機器人科技變得更發達，人類就能「專心研究自己的『喜好』」了。

只是，這裡有一個重要的步驟，那就是「將自己的『喜好』推上市場，找出它的價值」。如果想將「鑽研自己的『喜好』」當作一份工作，你就**必須知道這份「喜好」，在世人眼中有幾分重量**。

所謂推上市場，並不是在類似樂天購物網的地方賣東西就好了。就拿AKB48來說吧，經紀公司將旗下偶像的形象與行銷策略推上市場，再藉由粉絲投票來判定她們的價值。YouTuber也會經常檢視訂閱數跟點閱率，來重新審視自己的定位。在虛擬直播空間實現「娛樂生活」的SHOWROOM[1]，也是同樣的道理。

若換成文章，只要看看自己寫的東西在NewsPicks[2]上有多少則留言，就能了解自己文章的價值。

一旦推上市場，就會獲得迴響。自己的「喜好」在市場上有沒有價值？若換成實體店面，必須等上一段時間才會有結果，但像樂天購物網之類的網站，很快就會得到迴響，因此能跟其他店家和平共存。

既然如此，不如就積極將喜好推廣出去（盡量在網路上推廣），得到愈多迴響愈好。畢竟是自己喜歡的事情，獲得迴響就會有幹勁，而且專精此道還能賺錢；如果還能為世界跟人類盡一份心力，那豈不是太好了嗎？有市場價值又能賺錢的「喜好」，必定能長久維持；這跟喜歡、擅長但賺不了錢的「自我探索」大大不同。

等ＡＩ跟機器人能代替人類做繁雜瑣事之後，採用這種生活方式的人應該會變多。

1 日本的即時影音串流網站，類似台灣的Twitch。

2 日本的經濟新聞網站。

37 倖存的關鍵，就是「三木谷曲線」

「徹底鑽研自己的『喜好』」，將是你未來的工作。在時機到來之前，我希望各位先了解樂天創辦人——三木谷浩史的思維。

三木谷學說的真髓，在於一年三百六十五天毫不間斷，持續到底。他常常說：「每天改善百分之一。」這就是重點。

無論在任何情況下，只要每天改善百分之一，1.01乘以365，一年約為37.8倍。反之，若每天鬆懈百分之一，0.99乘以365，就是0.026倍。簡言之，等於一年降低了四十分之一的實力。換句話說，一年成長三十七倍跟一年退化四十分之一，你要選哪個？

每天比昨天改善百分之一，做起來並不難。可是，光是每天持續不斷地維持，一年就能成長三十七倍，而且每個人都辦得到。每個員工一年都成長三十七倍，如果有一萬個員工，這間公司的成長將不可限量。

每天的小改善不斷累積，確實能促使自我成長。不過，商場上的敵人也會成長，那麼該如何擴大差距呢？

接下來就要介紹「三木谷曲線」了。一分耕耘，不代表一分收穫。最初總是不管怎麼努力都沒有成果，那是因為其他人也同時在努力，所以無法拉開差距。

不過，只要持續不懈地努力到底，一旦超越某個等級，就會大幅成長。大部分的人無法努力到底，總是在努力到99.5％就放棄了。剩下的0.5％，**只有堅持努力到最後一刻的人，才能獨享果實**。

無論是工作、讀書或是運動，從零分上升到八十分，跟從八十分上升到九十分，都是後者比較難，而從九十分上升到九十五分，就更難了。為什麼呢？因為多數人都只滿足於八十分。若只拿八十分就停滯，你就永遠都是普通人，永遠無法在人群中發光。

剩下的二十分，你將投入多少資源？投入愈多，你愈有本錢競爭。大部分人都不會做到這種地步；與其花費時間精力從八十分爬到九十分，不如去別的領域拿八十分，省時省力多了。因此，即使明知吃力不討好，你更應該不斷努力向上爬，從八十分爬到九十

三木谷曲線

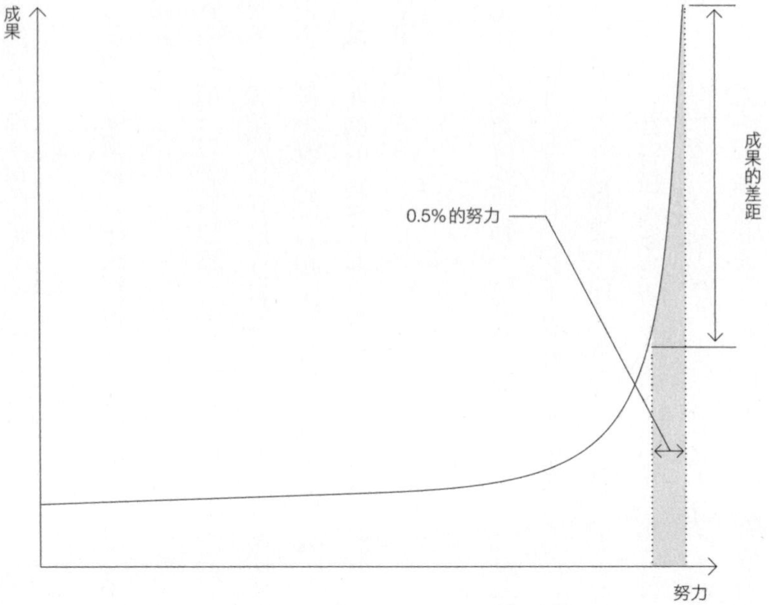

出處：《92條成功法則》（三木谷浩史）

分、九十分爬到一百分。唯有這樣的人，才能把敵手遠遠甩在後方。

對自己喜愛的事物每天改善百分之一，應該沒那麼難才對。

二〇一五年逝世的任天堂前任社長——岩田聰先生，曾經說過：「選工作，就要選能樂在其中的工作。」岩田先生自己也非常喜歡寫程式，喜歡到願意花上好幾個小時，不完成誓不罷休。

明明沒有人逼你做，只是因為做起來快樂，便不斷持續下去，於是愈來愈順手；工作一順手，做起來就不辛苦，反倒樂此不疲；緊接著，就能輕鬆跨越三木谷曲線的99.5%障礙，抵達剩下的0.5%境界。

若能抵達0.5%的境界，其他人肯定視你為不可多得的人才。你花一小時就能做好的事，其他人或許得花上五小時或十小時。這就是你的能耐。然後，其實你只是享受自己的愛好，周遭的人卻對你心服口服，滿懷感激地對你說出「謝謝」。這是最完美的狀態，而且也離你不遠了。

#每天改善百分之一
#三木谷曲線

38 向駭客看齊，學習洞悉課題&體驗解決的樂趣

除了「徹底鑽研自己的『喜好』」，若想在AI時代存活下來，還需要**看穿社會問題、找出當務之急的精準眼光**。

目前的已知課題，都會在AI時代逐一由人工智慧解決；不過，唯有人類才能看穿「社會的問題在哪裡」、「哪部分的瓶頸阻礙社會發展」。因為，AI不需要「活下去」或「殺出血路」，也不會希望「活得更好」。

在日本，如果你問：「工程師最重要的資質是什麼？」沒有人會回答：「課題洞察力。」不僅如此，很多人甚至認為「執行其他人想出來的對策」，才是工程師的職責。然而，**Google徵求工程師時，最看重的是：「你是否能找出最急迫且最好解決的課題，不屈不撓地奮戰到最後一刻？」**

例如「Google搜尋系統最佳化」，它並不是一項程式，而是五百個以上的小型演算法集合體。工程師找出一個個小課題、思考對策，然後每天增加新的演算法，形成一個生態系統。

他們是駭客，自然很喜歡解決課題。所謂的「駭客」，就是比一般人更了解電腦或演算法的深層技術，運用專業技能解決課題的人。

解決課題能促進自我成長，要找就找最大的課題，然後再親自解決，這種快感簡直令人欲罷不能。簡單的謎題無法滿足自己，永遠都想找出更難的謎題，在世界上不停摸索。這就是駭客的生存之道，因此，他們總是不斷尋找課題。

一九八〇年代後期，我還是個高中生，當時沒有網路也沒有手機，只有一群瘋狂迷上電腦的人在玩電腦通訊[1]。在我們的年代，無論是電腦或網路都才剛起步，還沒有正式普及，使用者只好自立自強了。因此，我們對於電腦科技或構造都很熟悉，以某種角度來說，是非常幸運的一代。

有時去店裡也買不到東西，只好自己組裝電腦，程式也得對照雜誌上的資訊自行輸入。偶爾難免打錯字，而修正程式碼得先瞭解程式架構，玩電腦通訊也得自己設定網際通訊協定，否則根本連不上去。

任何事都得自己來，因此我也像個駭客一樣，「看到不對勁的地方就想修正，管他上司准不准，我就是想修正」。簡單說來，比任何人率先發現問題、思考對策，對我而言就是一大樂趣。

我自己也是駭客，我人生的最大價值，就是發現課題、想出對策，然後再分享給大家，對他們說：「很有趣吧？」一旦發現高難度的「好課題」，夥伴們就會興致勃勃地聚集過來，一同思考如何改變世界。這就是駭客們的文化。

我想，即使像創辦Linux的重量級駭客——林納斯・托瓦茲（Linus Torvalds），當初的目的也不是為了改善世界，只是想用最大的課題挑戰自己的能耐，享受與最強團隊共事的樂趣罷了。他的書名《只是為了好玩》（*Just for Fun*），揭露了這項道理。

無論是「徹底鑽研自己的『喜好』」，或是課題洞察力，能在ＡＩ時代殺出血路的人，或多或少都帶有一點駭客性格。

1　パソコン通信，一種閉合網路，唯有特定參加者能連上特定伺服器，在日本一九八〇年代後期到一九九〇年代蔚為流行。

39 用街頭智慧打破框架

該怎樣才能跟駭客一樣發現隱藏的課題，進而找出商機？訣竅就在於：即使全世界的人都認為這樣做行不通，你還是要「找出破綻」。

「找破綻」不是指「雞蛋裡挑骨頭」，而是**視情況臨機應變，找出最根本的問題**。

這種做法，叫做「街頭智慧」（Street Smart）。它的相反詞是「書本智慧」（Book Smart），簡單說就是照本宣科的書呆子，天生的駭客最瞧不起這種人。

假設有個商業活動的限制條件是「成本小於一百萬」，擁有街頭智慧的人會懷疑：「不到一百萬，那真的是限制條件嗎？」

專案管理包含品質、成本與交貨期，必須在三種要素中取得平衡。這三項之中，哪個是限制條件，哪個是目標函數（Objective Function）？大部分情況下，達到最高品質是

#街頭智慧
#書本智慧

目標函數，成本跟交貨期是限制條件，寫出來大概就是：「成本一百萬以下，三月底交貨。」然而，若想提高品質，成本也會隨之上升，當然守不住「成本不到一百萬」的限制條件。

此時，你應該懷疑「一百萬」這數字真的正確嗎？仔細調查才發現，原來出處是來自「成本需壓在五百萬業績目標的百分之二十以內」。那麼，限制條件就不是「一百萬以下」，而是「業績的百分之二十以內」。

這下子，只要業績翻倍，成本也能跟著翻倍，拉高到兩百萬了。有了兩百萬，不僅能提高品質，也能縮短交貨期，在企業競爭中脫穎而出。

大家都誤以為是「成本一百萬以下，三月底交貨」，而你只不過逆向思考，重新審視限制條件，選擇就突然變多了。這就是街頭智慧的思維。

照著這種思維向下延伸，你會發現愈來愈多課題，比如：「為什麼業績目標要設成五百萬？」「為什麼業績目標這麼低？」「追根究柢，成本壓在業績的兩成以下，這樣合理嗎？」「說到底，決定品質上限的到底是成本，還是交貨期？」

反之，抱著「書本智慧」思維的人會全盤接受「成本一百萬以下，三月底交貨」的限制條件，滿腦子只想著節省傳單設計費跟紙張費用，拚命將成本壓在一百萬以下……。

其實，無論是找出錯誤、解決問題的駭客式生存方法，或是打破社會框架的街頭智慧，所做的事情都是一樣的。養成上述習慣，一旦靈光乍現，就能看出哪些問題必須解決。

各位讀者，如果你的公司有那些眾人心照不宣的「潛規則」或「職場守則」，不妨重新審視，說不定會意外發現盲點喔。上層交代的「目標數字」，不妨仔細挖掘它的含意，或許能找到其他解釋。一點小發現，很可能就是改變組織或規則的關鍵，請各位務必嘗試。

40 連AI都辦不到的創新，就由你來達成

發明劃時代技術、藉由新點子創造社會價值，這類「創新」（目前）ＡＩ還無法辦到，只有人類才能達成。

Google這家公司的宗旨就是創新，他們仰賴不斷推陳出新的服務及產品來發展業務。但是，那些創新並不是只靠賈伯斯這類的天才一人包辦，而是將眾多工程師的靈感或點子，藉由團隊的力量合力達成，因而創造了Gmail、Google Now。

Google創新的祕密，或許能成為各位在ＡＩ時代的重要工作訣竅。

為什麼Google能辦到由下而上式[1]的創新？因為公司的環境能激發員工靈感。開放暢通的溝通管道，是創意環境的必備要素。

最經典的例子，就是Google公司的每一個員工，都能看到公司的所有資料。一般公司會依據部門與職位的不同，限制員工觸及某些資料（例如不相干的員工無法接觸開發中產品的機密資訊）。但是在Google，只要你想看，什麼都能看。因此，有些人會將情報洩漏出去，比如「接下來會推出某某服務」、「這個服務馬上就要關閉了」等等。

這種時候，Google創辦人賴利・佩吉（Larry Page），會針對全體員工發表以下談話（我翻個大略意思就好）。

「我在網路媒體看到這種報導，真的很難過，剛才我已經把洩漏機密的○○開除了。為什麼非開除他不可？**為了保衛聖殿**（Sanctuary，**每個人的庇護所**）。我們很重視由下而上式的創新。**正因為大家互相信任，每個人都能得到所有資訊，才能實現由下而上式的創新**。如果有人背叛大家的信任，將資訊洩漏出去，我們就不得不關閉資訊、懷疑他人。這麼一來，聖殿就死了。保衛聖殿需要每一個人的力量，希望各位諒解。」

說到Google的由下而上式創新，有個知名的「百分之二十規則」，那就是：用兩成上班時間來挑戰本業以外的新事物。讓工作現場的點子逐漸成形，乍看之下跟由下而上式的

#賴利・佩吉
#創新
#聖殿

日本經營模式沒什麼兩樣，但日本企業只是擅長由下而上式地改善「現有的事物」，不能集結眾人之力，也無法由下而上地創造「前所未有的全新產品」。

Google特地採用「百分之二十規則」，就是為了激發每個員工「從無到有」的創新。如果覺得行得通，他們就會立即組成專案團隊，吸引愈來愈多人手，最終掀起驚天巨浪。一旦傳入副總裁或專案經理耳裡，接著便晉級為公司級專案，一口氣打入全球市場。Google並非全員一點一滴改善產品，而是全員用高效率生產新產品。

為什麼Google辦得到？因為公司的環境鼓勵每個人敞開心胸分享資訊，大家都是互相信賴的夥伴。公司必須是你的聖殿，這就是開創新局、改變世界的祕訣。

1 Bottom up，也有從細節到整體的含意。

41 從技能、專業知識到人際網路

ＡＩ時代的基本戰略，就是活用自己的「喜好」與「強項」。「喜好」就是「喜好」，因此你會不自覺持續鑽研，而「強項」一旦放置不管，就會落伍。

那麼，該如何才能發展自己的「強項」，培育下一個「強項」呢？

一項專業的工作，分為「技能」、「專業知識」與「人際網路」三大層面。

假設你是業務員，勢必需要好幾項「技能」。將客戶煩惱的課題化為語言，提出對策（為客戶提供解決方案的服務）；歸納重點，製作資料（整理資料的能力）；當客戶猶豫不決時，推他最後一把（結案）……。

然而，比上述技能更重要的，是關於業界、產品或服務的專業知識，英文叫做「**Expertise**」。

#專業知識
#人際網路
#聯盟世代

如果你是滅火器銷售員，除了必須了解滅火器的使用方法，也得明白消防法規與保險相關知識，必須能向客戶解釋：「照現在的法律看來，準備這樣就夠了；但考慮到申請保險，如果再多準備這些，萬一發生意外，比較容易拿到保險金，也更有保障。」

最後的「人際網路」是指人緣。當你想完成自己辦不到的事情時，你找來的幫手將大大影響成果品質。若能找來口碑好的專家，你的價值也會隨之提高。

希望各位不要誤會，「人際網路」跟廣泛意義上的「人脈」是不一樣的。人脈或許包含了社群網站上的點頭之交，而人際網路只限定為互利共生的關係。

在專業道路上累積愈多經驗，工作比重就會**從技能、專業知識轉移到人際網路**。先從學習技能起步，接著再逐漸靠著專業知識行銷、人際網路行銷闖蕩江湖。

只是，從前提到專業知識，指的是「業界老知識的總結」，而現在是**專業知識不斷更新的時代**。光是知道業界自古以來的潛規則與慣例是不夠的，必須搶先學會新知，或是能預測大致上的業界動向。

因此，時時掌握瞬息萬變的業界最新動向，並且洞燭機先、站穩腳步，也是今後的重要課題之一。

另外一點，就是必須擴大人際網路，持續更新。專業知識仰賴人緣的支撐，若想站在對等的立場與人交流，便必須「互利共生」。

就拿公司與員工的關係來說吧，兩者是平等的契約關係，因此我認為，公司與員工之間正確的距離應該是：「公司能透過我成長（增加業績），所以也請讓我藉由你的成長而成長（增加技能）。」

礙於篇幅有限，無法在此深談人際網路的形式，有興趣的人請閱讀雷德・霍夫曼[1]的《聯盟世代：緊密相連世界的新工作模式》。關於未來的工作模式，這本書非常具有參考價值。

1 Reid Hoffman，美國企業家與作家，曾聯合創立LinkedIn。

專業知識
人際網路
聯盟世代

42 擁有自己的關鍵字，成為獨一無二的你

現在的專業知識都是從工作中學習，若想搶先學會未來必備的專業知識，該怎麼做才好呢？例如，三年後、五年後，業界會朝什麼方向前進？若能洞燭機先、掌握潮流，它將是你接下來的強項。

我建議各位**隨時準備好最重要的五個關鍵字**，因為所謂的「關鍵字」，就是最多人思考、上網搜尋的字彙（具體搜尋方法請見第三十一頁）。

舉個具體的例子，我這幾年持續關注「Exclusive」（排外的）的相反詞「Inclusive」（包含的、包括一切的）。從英國脫歐（Brexit）到川普當上美國總統，我一直在想，該如何才能將上述所有的「排外」行為，帶往包容一切的方向呢？

在二〇一八年第九十屆奧斯卡頒獎典禮上，以《意外》[1]一劇榮獲最佳女主角獎的法

蘭西絲・麥朵曼所說的「Inclusion rider」[2]（包容性附加條款），要求重視女性工作人員與女演員工作機會不平等的問題。性騷擾風波不斷的好萊塢，其實也是個男性主導的社會。

我們該阻隔非我族類，以免自己因為不了解而害怕？還是應該將多元化視為理所當然，化解隔閡？該怎麼做才能化解隔閡？隨時隨地思考這些問題，想著想著，商業靈感就這麼迸出來了。

漫無目的在網路上閒逛，說穿了只是打發時間，你所得到的資訊，論質論量都不好。不要等著別人給你題目，**先設定好目的與問題的方向，然後再去搜集資訊，會帶給你非常豐富的收穫。**

那麼，該如何找出自己的「關鍵字」呢？什麼都可以，先從自己有興趣的方向著手。就算你只是單純「想吃最棒的豬排飯」，也沒有關係。

好，那就來找找怎樣才是最好吃的豬排飯吧！喔？原來跟蛋的半熟度、豬排的油花分布有關呀？接著你又發現，原來觸覺在「美味要素」當中，占著如此高的比例；接著你搜尋「觸覺與吃」，結果找到一家已經倒閉的西班牙夢幻三星「鬥牛犬餐廳」（El Bulli）……如此這般，只要擁有自己的關鍵字，就能吸收愈來愈多資訊，擴展自己的眼界。

不只是網路，只要逢人就說「現在我對這個感興趣」，總會有人告訴你：「好，那你知道這件事嗎？」有了這個習慣，你就能在自己的旅程中產生新靈感，認識與以往截然不同的人。

1 *Three Billboards Outside Ebbing*，一位單親媽媽的女兒遭到殺害，於是在自家小鎮外的公路旁三塊看板上買廣告，向大眾控訴警長怠忽職守，未盡力緝拿兇手，因而引發一連串風波。

2 Frances McDormand，美國女演員，以一九九六年電影《冰血暴》、二〇一七年的《意外》兩度獲得奧斯卡最佳女主角獎。

43「個人象徵」是人際關係的強大利器

這年頭，如果想擴大自己的「人際網路」，沒理由不使用社群網站這項利器。

為什麼經營社群很重要？因為你能**經常分享「自己」的生活，簡言之就是自我介紹**。與睽違已久的遠方友人見面，你會不會覺得緊張，不知道該從何說起？那是因為你們變得生疏，你擔心：「說出來他聽得懂嗎？他能接受嗎？」

如果每天在網路上分享自己的生活，至少對方知道你如今在做什麼，就算久久才見一次面，也能很快拉近距離。

這是樂天大學校長——仲山進也所分享的訣竅。團隊精神的基礎，就是成員之間互相熟識。為此，所有成員必須向大家分享自己的生活，達到一定程度的交流。於是，我在進修團隊精神這門課時，特地制定規則，要求每個人每天早晚都必須在臉書上貼「早安文」跟「晚安文」。

#建立個人象徵，打造人際關係
#紅色圍巾

實際執行起來，有些人只會貼拉麵的照片，有些人專門貼家裡的狗狗照，不過這些都沒關係。

就算每天只上傳狗狗照，也是有意義的。因為，我因此得知「這個人很喜歡狗」，這就是我跟他的共通話題。換句話說，我們不必面對面，就能針對「狗」這個話題談天。

我們跟人聊天會緊張，是因為擔心對方不賞臉，對自己的話題沒興趣。**如果一開始就有共通話題，便能用來當作話匣子，迅速消除隔閡**。

用物品建立個人象徵，也是自我介紹的強大利器。

我在《動機革命》說過，自己總是圍著紅色圍巾；一旦它成為我的象徵，大家就會認為「說到尾原，就讓人想起紅色圍巾」。

「說到張三，就讓人想起狗狗」、「說到拉麵，就讓人想起李四」，只要這樣的想法深植人心，溝通的門檻就會瞬間下降不少。

此外，由於個人興趣的關係，我常常飛去國外，在臉書分享非常多見聞，所以動態牆總是熱鬧滾滾。當我貼了在外面慢跑的照片，臉友紛紛興致勃勃地主動留言：「你現在在哪？」「你後面的東西是什麼？」

我深深體驗到：社群網站的貼文能開啟話匣子，與其每天見面，不如前往遠方，大家反而對我有興趣，我也不至於感到孤獨。

這年頭社群媒體如此蓬勃，有些人說辭職或旅居海外使人倍感孤獨，其實多半都是他們自己築起高牆。

如果擔心熱臉貼冷屁股而封閉自己，不妨在社群媒體上多多分享自己的生活；一方面能化解自己的憂慮，另一方面也能打造如同「狗狗」、「拉麵」、「紅色圍巾」之類的個人象徵，使你在人際關係上無往不利。

44 有了這三招，跟誰都能合得來

如果想在職場上「跟誰都能合得來」，最好的方法就是跟每個人很快打成一片，就算對方是陌生人也一樣。如果自認有溝通障礙便懶得擴大「人際網路」，就無法拓展自己的「強項」了。

樂天的某位店長教我「跟誰都能合得來」的三大招，那就是：一、微嗜好；二、自我揭露；三、承諾。

微嗜好[1]恰巧跟「大家的共通話題」相反，意指「（自己專屬的）堅持」，微小的興趣、關注。挖掘自己的微嗜好，然後公告周知；對此有共鳴的人，一定能跟你合得來。

現在已經沒有什麼全民通殺的「國民偶像」了，而擁有自己本命的[2]粉絲們，總是很快就能打成一片，這道理是一樣的。

所謂「**自我揭露**」，就是揭露自己的弱點，可說是這三招當中最重要的一環。若想套對方的話，你得先亮出自己手上的牌；尤其若能先坦承自己的缺點或失敗經驗，就能讓對方放鬆警戒。簡單說來，就是「平易近人」，瑞可利有很多這樣的人。

軟體銀行（SoftBank）的創辦人兼社長孫正義先生，就是非常平易近人的人。孫先生是日本推特剛起步時擁有最多關注者的人，他毫不隱瞞自己的禿頭，甚至還積極用來自嘲，因而博得廣大人氣。有人吐槽他：「你的髮際線後退速度真是『禿』飛猛進啊。」他回道：「不是髮際線後退，是我前進了。」這段對答蔚為佳話，有些人甚至因此成為他的粉絲。

至於承諾，就是我在第七十四頁說過的「視工作為己任」。將結果視為客觀數據，不逃不躲。沒有人會信任一出事就踢皮球的人，而願意負責到最後的人，總是能贏得大家的信賴與支持。

綜觀以上三點，這種人堅持細節、願意將自己的好惡開誠布公，而且做事願意堅持到

#微嗜好
#自我揭露
#承諾

最後一刻。像這樣的人，從以前就廣受大家歡迎，就算到了ＡＩ時代，這點也不會變。

1 Micro Interest，這是和製英語，意指微小的嗜好、關注、興趣。

2 此處指的是偶像團體中的某個成員，如ＡＫＢ48，成員們各自有自己的忠實支持者。

45 朝著共同目標前進，一起成就大事業

到目前為止，我告訴大家該如何「到哪都吃得開、跟誰都合得來」，如何用轉職來拓展自己的人生，以及如何在ＡＩ時代生存；有些是我從前東家那裡學來的，有些則是我在輾轉換工作的過程中遇見的貴人所教導的道理。

最後，我想說一件自己非常重視的事。

那就是：你現在的目標，不一定永遠不變。目標會不斷改寫，視情況調整。將球門往後移，感覺怪奸詐的，但是，現在的最佳目標，會視對象或情況的不同而逐漸改變。

與各式各樣的人合作，你會發現大家的立場與堅持各有不同；有時會產生摩擦，有時甚至會造成對立。最常見的，就是「你VS我」，我常常想：要是「你」跟「我」能結盟，變成「我們VS課題」該多好啊。

#共同目標
#合作
#阪神大地震

阪神大地震的時候，我感觸良多。當時認識的志工們，都是各自懷著堅定的想法而來；因此，大家心中的那把尺各不相同，導致發生許多摩擦。不過，其實只要抱著「救人」這共同的目標，就能跨越「你VS我」的對立，團結一心成為「我們」。

說起「巨人迷」跟「阪神迷」，兩者可說是水火不容，一山不容二虎。但是，只要將族群擴大一級，大家都是「棒球迷」，就會變成「一起振興棒球」的夥伴了。假設再擴大一級，這次不只是「職業棒球」，連「高中棒球」跟「大聯盟」都包含在內，就能共享更偉大的目標。

然而，若是再擴大層級，變成「運動愛好者」，一定會演變成「棒球迷VS足球支持者」之爭。假如多數人想的是「我只是喜歡棒球/足球，才不想振興所有運動呢」，就很難擁有共同目標。對「棒球」或「足球」投注熱情與心血，沒問題，但換成「運動」，跟自己的距離就過於遙遠，很難產生熱情。

如此這般，各位必須尋找能讓彼此投入熱情與心血的目標，也就是共同目標。若是「你VS我」，就會在同一條線上互相對立、碰撞（圖中的①）；但是將目標拉高，就能成為邁向共同目標的朋友（圖中的②）。

擁有共同目標，跨越對立

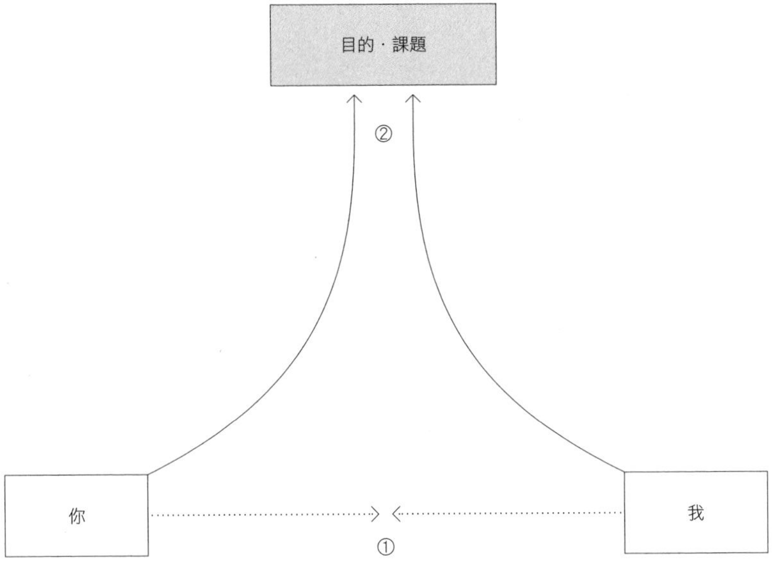

#共同目標
#合作
#阪神大地震

現代社會日新月異，昨天的目標突然不再是目標，今天改走截然不同的路、邁向不同的終點，是常有的事。不僅如此，若想到哪都吃得開、跟誰都合得來，雞蛋不能放在同一個籃子裡，所以沒人規定只能有一個目標。你在公司的目標，當然跟在志工現場的目標不一樣；職場上的目標可能只是達成畢生志業的手段，而在追求畢生志業時，你或許也會發現新的「喜好」，產生新的目標。

如果你有許多目標抽屜，就比較容易找到能跟未來的新朋友共同奮鬥的目標。

快速變遷的時代，也是你增加目標抽屜的時代。在此，希望能跟大家一同快樂地走過這個時代。

專欄

只要靈活運用手頭資產，到哪兒都能活得富裕自在

我常聽許多人說想辭職自立門戶、想住在國外投入遠端工作，卻擔心錢不夠，而不敢踏出第一步。有些人轉職後薪水變少，也難怪他們會擔心。

不過，如果能做到收益（收入）與消費（支出）最佳化，人不管到哪兒都能活下去。我們有了網際網路，還怕沒辦法做到消費最佳化嗎？無論住在世界上的哪個地方，都不再需要花費大筆生活開銷。

生活富裕程度取決於薪水多寡的時代，已經結束了。只要能靈活運用手頭資產，就能靠著少少的收入快樂生活。

舉個例子，假設有個女性想去參加派對，她想塗金色亮粉口紅，會去智慧型手機的二手交易平臺Mercari買便宜的二手口紅。可是，她不想用掉一整支，於是

#金錢
#柏青哥經濟

便切掉自己用過的部分，再放到Mercari賣——這樣的消費型態，正逐漸成形。

一支要價五千圓的全新亮粉口紅，買的人可能不多；但若是含運費只要五百圓，想買來用的人或只是想用用看的人，就會增加好幾倍。即使每個人的消費力減少，只要同樣的東西反覆流動，就能提高整體生活水準——這才是最符合現代潮流的思維。

在「居住」方面，也同樣適用靈活運用手頭資產的法則。

這年頭Airbnb與公寓分租如此發達，就算沒有定居的「家」，也能靠少少的錢找到住處。在德國柏林，普通旅館過夜需要一萬五千日圓，但在Airbnb卻能找到一晚兩千到三千日圓的分租公寓。一支智慧型手機在手，就能讓你走遍世界、住遍世界。

不僅如此，假設你在東京跟新加坡都租了套房，常常來往兩地，有了Airbnb，你就能在住東京時出租新加坡的套房，住新加坡時出租東京的套房。兩間套房輪流幫你賺錢，算起來其實你只付了一邊的房租。

此外，若你前往東京跟新加坡以外的地方，兩間套房都能幫你賺錢，補貼旅費。

最近我常說經濟愈來愈「柏青哥經濟化」，而這也是好現象。

現在的柏青哥是價值二十二兆日圓的龐大市場（出自二〇一七年休閒白皮書）[1]。全盛期是一九九〇年代中期，高達三十兆日圓，如今雖然縮小到三分之二，但日本國家預算也才九十八兆日圓（二〇一八年度一般會計預算案），換算起來，柏青哥市場竟占了國家預算五分之一以上。

為什麼會這樣呢？因為同樣一批人不斷贏了又輸、輸了又贏，賺來的錢又花在柏青哥上，反覆循環第二次、第三次、第四次……這些錢，全都算在柏青哥的總收益裡。結果，光是一部分人的錢反覆流動，就膨脹成二十二兆日圓了。實際上，流動的錢非常非常少，大概才二十分之一吧。

換句話說，提到市場規模，我認為大家應該換個角度思考。以往大家只在意一次消費花掉多少錢，但接下來應該注意的是：「這筆錢能流動幾次？」只要提高金錢的流動速度，就能提升生活品質。

只要牢記「柏青哥經濟化」思維，無論你住在哪裡，都能想出使生活更加多采多姿的新點子。讓手上的資產在市場流動，換成金錢吧！想要富裕的生活？你根本不需要多花一毛錢。

1 レジャー白書，發行者為公益財團法人日本生產本部休閒創研，主要針對日本十五歲以上的三千名國民進行休閒活動調查。

——後記——

《狼就是狼》與法理社群

我是尾原和啟。感謝各位閱讀本書。

習慣拿到書先讀〈後記〉的你，幸會（我也是這樣的人，不過本書大綱都寫在〈前言〉了，所以請各位還是先閱讀〈前言〉）。

讀過我其他書或文章的你，很高興再次相見。

這本書是我能獻給各位的最大心血，也是我最猶豫該不該獻出來的作品。

我想告訴各位兩個故事。

不知為何，我從小就覺得自己與其他人格格不入。現在也是一樣。

那時，我遇見了佐佐木MAKI先生[1]的繪本——《狼就是狼》[2]，這是一本很棒的書。

有一隻孤單的狼，牠走遍各個村莊，想在羊群跟其他種族中尋找夥伴，但還是不受到認同。不過，最後這隻狼正面接納了自己的孤獨，開始獨自向前走。

閱讀本書時，我強烈感覺到：「這就是我！」於是終於能正面接納自己的格格不入。從那之後，我就開始不斷在各種族間遊走。

結果，就因為我是格格不入的狼，其他馬族或羊族反而認為我很稀奇；到了下一個地方，我只是告訴大家「馬跟羊的世界如何如何」，大家就聽得津津有味。久而久之，我開始認為「正因為這城鎮不是我的城鎮，我才能帶給大家歡樂」。

我再告訴大家另一個故事。

我國中的外號是Gesellschaft。

這外號很奇怪吧？有兩個社會學名詞叫做「Gemeinshaft」（禮俗社會；社區）與「Gesellschaft」（法理社群；社會），所謂禮俗社會就是「不計較得失，為群體利益努力的人」，反之法理社群就是「只在乎利益，有利可圖才肯行動的人」。我會去鎮上的舊書店買便宜二手書，然後再高價賣給專門收藏舊書的店家，而且為此沾沾自喜，真是個麻煩的小鬼頭。

這叫做「套利」（Arbitrage），簡單說就是搶先找出價差，然後再買低賣高、賣完就跑

（萬一被其他人發現就賺不了錢了，所以要趕快賣掉，再找下一筆價差）。當時我最喜歡做這種事，接連做了好一段時間，而且還昭告天下，所以大家都叫我Gesellschaft。

至於現在呢，如果想精打細算過日，就必須像本書所寫的：相信別人，不斷付出，才是最划算的生存之道。這年頭想徹底精打細算，當好人是最快的方法。

我在〈前言〉說過，現在現實世界也開始「網路化」了。想要精打細算過日子，最重要的就是「連結」、「對等」、「分享」。

因此，我所能獻給各位的最大心血，就是：

· 我總是以外地人的身分環遊各國，因此才能「連結」各位與世界，告訴大家新鮮事。

· 當個精打細算的人，盡情「分享」，反而獲益更多。

而這也是我創作本書的動機。

可是，我已經以法理社群支持者的身分精打細算了三十年以上，所以「人人平等」的想法已經深入骨髓了。你問情況有多嚴重？我只會稱呼別人的「外號」或「敬稱」（沒有熟到能叫外號的人一律加敬稱），連面對朋友十一歲的女兒，我都叫她「某某同學」。

因此，「麥肯錫工作術！」「我在Google所學到的絕招！」這種噱頭，令我渾身不自在，因為這樣一點也不「對等」呀（不過，如果書籍不加個權威性的噱頭就賣不出去了，所以我們還是在書腰之類的地方酌量使用吧）。

如此這般，創作本書時，我老是覺得「哇賽，太臭屁了吧，可是少了這些又講不清楚」，因此在創作過程中不斷請教編輯與其他作家，希望能寫出一本不卑不亢、有用又好用的書。

我一直深信，網路是人性的催化劑，它使我們更有人性，更能做自己。

因此，在這個數位世界與現實世界都愈來愈網路化的時代，我希望本書能幫助各位讀者更加活出自我風采。

最後，什麼是平等？什麼是做自己？關於以上兩點，我要引用自己最喜歡的一段話，出自第二任聯合國祕書長道格．哈馬紹（Dag Hammarskjöld）：

「謙虛是自大的相反詞，也是自卑的相反詞。所謂『謙虛』，就是不與他人比較。做為一個實際存在的個體，應當泰然自若，我們不比其他人或萬事萬物優秀、差勁，既不比他們大，也不比他們小。」

◇　◇

一如既往，我的書沒有任何原創的點子。我只是咀嚼、消化大家教導我的道理，然後再改寫成自己的語言而已（因此，我想一定有很多認知錯誤或寫壞原作的地方，若有幸獲得各位指教，將在下一版修正，感謝各位）。

這本書，是在許多人的支持下創作而成的。

當時我思考該如何將網路的優點傳達出去，因此向《*NewsPicks*》的主編佐佐木紀彥先生與《哈佛商業評論》日文版（*DIAMOND Harvard Business Review*）的（前）主編岩佐文夫先生討教，因而有幸認識責任編輯橫田大樹先生，一切就從這裡開始。緊接著，橫田先生又介紹我認識共同作者田中幸宏先生，他跟我是同一所大學的校友，我們天南地北聊了起來，於是想出一個點子：「何不寫一本給社會人士看的教科書，教導大家如何在這自由時代活下去？」

讀到這兒，想必各位也了解，本書靈感來自系井重里的《網路式》。除此之外，系井的公司「HOBO日」的篠田真貴子小姐所監譯的雷德．霍夫曼《聯盟世代：緊密相連世界的新工作模式》，也帶給我莫大的影響（現在重讀一遍，真是深富內涵），本人在此鄭重道謝。

谷本有香小姐在她的著作《跟任何人都能聊出真心話：3步驟、48個技巧，A咖主播教你創造雙贏溝通》提供了非常棒的祕訣，教導大家在付出中與人建立友誼。我拜讀後感觸良多，於是主動聯絡谷本小姐，得到許多指教。樂天大學校長仲山進也先生、我的良師益友李英俊先生、團隊精神課程的長尾彰先生、樂天電商的YONAI先生、石川善樹先生、「北歐家居用品店」的青木耕平先生、SHOWROOM的前田裕二先生、日本放送的YOPPI（吉田尚記）先生、中村繪里子小姐，多虧有各方人士的切磋、指教，才成就了這本書。

最重要的是，為生來漂泊的我提供生活重心的專業人士——麥肯錫的橫山禎德先生、大阪辦公室的各位、i-mode之父兼最強後盾兼馴獸師的NTT DOCOMO榎啟一先生、以經理身分教導我如何與人共事的瑞可利伊藤修武先生、小林大三先生，以及從以前到現在都陪著我玩鬧的十二間公司夥伴們，誠摯感謝各位。回過神來，我居然走到了這麼遠的地方。如果接下來走上這條道路的人，能夠因為本書而稍微輕鬆一些，將是本人莫大的榮幸。

一如既往，希望寫完這本書之後，我也能跟各方人士暢談一番，聊聊「人人都能受用的工作新法則」。

接下來，我也會環遊各國，興奮雀躍地告訴各位：不久的未來，將是何種樣貌。

希望未來，有機會在現實中或虛擬世界中與各位結伴同行。期待下次有緣再見囉！

二〇一八年三月

寫於自己的書房

——一年帶我飛行一百次，載我結識各種良緣的亞洲航空經濟艙

1 日本漫畫家、繪本作家、插畫家，曾為村上春樹的數本著作繪製封面與插圖。

2 やっぱりおおかみ，台灣並無出版。

BIG系列 0307

到哪工作都吃得開，和誰共事都合得來——どこでも誰とでも働ける

作　者—尾原和啟
譯　者—林佩瑾
主　編—沈維君
責任企劃—金多誠
封面暨內頁設計—連紫吟
內頁排版—立全電腦印前排版有限公司

總編輯—曾文娟
發行人—趙政岷
出版者—時報文化出版企業股份有限公司
一〇八〇三台北市和平西路三段二四〇號一～七樓
發行專線—（〇二）二三〇六六八四二
讀者服務專線—〇八〇〇二三一七〇五
（〇二）二三〇四七一〇三
讀者服務傳真—（〇二）二三〇四六八五八
郵撥—一九三四四七二四時報文化出版公司
信箱—台北郵政七九～九九信箱
時報悅讀網— http://www.readingtimes.com.tw
電子郵件信箱— ctliving@readingtimes.com.tw
時報出版臉書— https://www.facebook.com/readingtimes.fans
法律顧問—理律法律事務所　陳長文律師、李念祖律師
印　刷—盈昌印刷有限公司
初版一刷—二〇一九年五月十七日
定　價—新台幣二八〇元
（缺頁或破損的書，請寄回更換）

時報文化出版公司成立於一九七五年，
一九九九年股票上櫃公開發行，二〇〇八年脫離中時集團非屬旺中，
以「尊重智慧與創意的文化事業」為信念。

到哪工作都吃得開,和誰共事都合得來 / 尾原和啟著 ;
林佩瑾譯. -- 初版. -- 臺北市 : 時報文化, 2019.05
面 ; 公分. -- (Big ; 307)
譯自 : どこでも誰とでも働ける
ISBN 978-957-13-7800-8(平裝)

1.職場成功法

494.35　　108006122

DOKO DEMO DARE TO DEMO HATARAKERU
by KAZUHIRO OBARA

ISBN 978-957-13-7800-8
Printed in Taiwan